Da cabeça aos pés:
histórias do corpo humano

Gavin Francis

Da cabeça aos pés: histórias do corpo humano

Tradução:
Maria Luiza X. de A. Borges

Revisão técnica:
Denise Sasaki

1ª reimpressão

Para os entusiastas pela vida.

Tradução autorizada da primeira edição inglesa, publicada em 2015 por Profile Books Ltd, em associação com Wellcome Collection, de Londres, Inglaterra

Grafia atualizada segundo o Acordo Ortográfico da Língua Portuguesa de 1990, que entrou em vigor no Brasil em 2009.

Título original
Adventures in Human Being

Capa
adaptada da arte de Sarah King Illustration

Preparação
Angela Ramalho Vianna

Indexação
Gabriella Russano

Revisão
Eduardo Farias
Eduardo Monteiro

CIP-Brasil. Catalogação na publicação
Sindicato Nacional dos Editores de Livros, RJ

F892d Francis, Gavin
Da cabeça aos pés: histórias do corpo humano / Gavin Francis; tradução Maria Luiza X. de A. Borges; revisão técnica Denise Sasaki. – 1ª ed. – Rio de Janeiro: Zahar, 2017.

Tradução de: Elastic: Adventures in Human Being.
ISBN 978-85-378-1618-9

1. Corpo humano. 2. Anatomia humana. I. Borges, Maria Luiza X. de A. II. Título.

16-38257 CDD: 611
CDU: 611

[2021]

EDITORA SCHWARCZ S.A.
Praça Floriano, 19, sala 3001 — Cinelândia
20031-050 — Rio de Janeiro — RJ
Telefone: (21) 3993-7510
www.companhiadasletras.com.br
www.blogdacompanhia.com.br
facebook.com/editorazahar
instagram.com/editorazahar
twitter.com/editorazahar

"Aquele que é triplamente merecedor, Mercúrio chama o homem de um grande *Milagre, uma Criatura semelhante ao Criador, o Embaixador dos Deuses*. Pitágoras, de a Medida de todas as coisas. Platão, de a Maravilha das maravilhas ... Todos os homens unanimemente o chamam de *Microcosmo*, ou Pequeno Mundo. Pois seu corpo é, por assim dizer, um Celeiro ou Armazém de todas as virtudes e a eficácia de todos os corpos, e sua alma é o poder e a força de todas as coisas vivas e sensíveis."

Helkiah Crooke, introdução a *Microcosmographia* (1615)

Sumário

Advertência sobre confidencialidade

Este livro consiste numa série de histórias sobre o corpo na doença e na saúde, ao viver e ao morrer. Assim como devem honrar o acesso privilegiado que têm aos nossos corpos, os médicos devem honrar a confiança com que compartilhamos nossas histórias. Mesmo em data tão remota quanto 2.500 anos atrás essa obrigação era reconhecida: "Tudo quanto no curso de teu mister vires ou ouvires, que não deva jamais ser propagado, não o divulgarás", insiste o Juramento Hipocrático. Como um médico que é também escritor, passei muito tempo refletindo sobre esse uso de "deva", considerando o que pode e o que não pode ser dito sem que a confiança de meus pacientes seja traída.

As reflexões que se seguem são baseadas em minha experiência clínica, mas os pacientes foram nelas ocultados a ponto de se tornarem irreconhecíveis – qualquer similaridade remanescente é fortuita. Proteger confidências é parte essencial do que faço: "confiança" significa "com fé" – somos todos pacientes, mais cedo ou mais tarde; todos desejamos acreditar que seremos ouvidos e que nossa privacidade será respeitada.

Prefácio

> "Se um homem é feito de terra, água, ar e fogo, assim também é este corpo da Terra; se o homem tem em si um lago de sangue, ... o corpo da Terra tem seu oceano, que de modo similar sobe e desce."
>
> LEONARDO DA VINCI

QUANDO ERA CRIANÇA, eu não queria ser médico, queria ser geógrafo. Mapas e atlas eram uma maneira de explorar o mundo através de imagens que revelavam o que estava oculto na paisagem, e eram também de uso prático. Não queria passar minha vida trabalhando num laboratório ou numa biblioteca, queria usar mapas para explorar a vida e as possibilidades da vida. Imaginava que compreendendo como o planeta era constituído eu chegaria a uma melhor apreciação do lugar que a humanidade ocupava nele, bem como a uma habilidade que poderia me proporcionar um meio de vida.

Quando cresci, esse impulso de mapear o mundo à nossa volta se transformou no de mapear o mundo que trazemos dentro de nós; troquei meu atlas geográfico por um atlas de anatomia. Os dois não pareciam tão diferentes a princípio; diagramas ramificados de veias azuis, artérias vermelhas e nervos amarelos me lembravam os rios coloridos, estradas principais e secundárias de meu primeiro atlas. Havia outras semelhanças:

ambos os livros reduziam a fabulosa complexidade do mundo natural a algo compreensível – algo que podia ser dominado.

Os primeiros anatomistas viam uma correlação natural entre o corpo humano e o planeta que nos mantém; o corpo era mesmo um *microcosmo* – um reflexo em miniatura do cosmo. A estrutura do corpo espelhava a estrutura da Terra; os quatro humores do corpo espelhavam os quatro elementos da matéria. Há um sentido nisso: somos sustentados por um esqueleto de sais de cálcio, quimicamente semelhantes a giz e calcário. Rios de sangue penetram nos largos deltas de nossos corações. Os contornos da pele se assemelham à superfície ondulada da terra.

O amor pela geografia nunca me deixou; assim que as exigências da formação médica diminuíram, comecei a pesquisar. Às vezes encontrava trabalho como médico enquanto viajava, mas com maior frequência me deslocava apenas para ver um novo lugar, só por prazer – para experimentar variedade em matéria de paisagens e pessoas, me familiarizar com o planeta tanto quanto possível. Ao escrever sobre essas viagens em outros livros, tentei transmitir algo dos insights que essas paisagens me proporcionaram, porém, meu trabalho sempre me trouxe de volta ao corpo, como meio de ganhar a vida e como o lugar em que todos começamos e terminamos. Aprender sobre o corpo humano é diferente de aprender sobre qualquer outra coisa: você *é* seu próprio objeto de atenção, o trabalho com o corpo tem um caráter imediato e um poder de transformação únicos.

Depois da Faculdade de Medicina eu pretendia me especializar em atendimento de emergência, mas a brutalidade dos plantões noturnos e o contato fugaz com os pacientes começaram a erodir meu sentimento de satisfação com o trabalho. Assumi empregos como pediatra, obstetra e clínico numa enfermaria geriátrica para tratamentos de longo prazo. Fui cirurgião estagiário em ortopedia e neurocirurgia. No Ártico e na Antártida, fui médico de expedição, e na África e na Índia trabalhei em modestas clínicas comunitárias. Todos esses papéis que desempenhei pautavam-se na maneira como compreendo o corpo: situações de emergência são radicais e proporcionam uma consciência intensificada da vida humana em condições de máxima vulnerabilidade, mas, ao longo dos anos, alguns dos insights mais profundos e gratificantes que a medicina me propiciou vieram de encontros mais calmos, rotineiros. Ultimamente tenho trabalhado como médico de família numa pequena clínica no centro de uma cidade.

A cultura remodela continuamente as maneiras como imaginamos e habitamos o corpo – mesmo como médicos. Nesses encontros com os pacientes eu percebo muitas vezes como parte das melhores histórias e da mais notável arte da humanidade tem relevância para a moderna prática médica e está em consonância com ela. Os capítulos que se seguem examinam mais profundamente algumas dessas conexões.

Alguns exemplos: ao avaliar alguém com paralisia da face, lembro não apenas a frustração que é não conseguir se expressar, mas também a antiga dificuldade que os artistas têm para retratar precisamente a expressão. Ao pensar sobre a recuperação do câncer de mama, tenho consciência de que as perspectivas sobre o que constitui a cura são diferentes para cada paciente. Textos de 3 mil anos de idade, como a *Ilíada*, de Homero, podem fornecer achados sobre lesões no ombro, tanto antigas quanto modernas, e os contos de fadas que aprendemos quando crianças exploram de maneira eloquente ideias de doença, coma e transformação. Os costumes que adotamos em relação a nossos corpos são maravilhosamente diversos, algo que me ocorreu ao pensar sobre as maneiras como nos desfazemos da placenta e do cordão umbilical. Mitos de luta e redenção fazem eco a histórias de convalescença que circulam nas enfermarias ortopédicas do mundo inteiro.

A palavra "ensaio" vem de uma raiz que significa "prova" ou "tentativa", e cada capítulo deste livro é um ensaio que tenta explorar somente uma parcela do corpo, e de apenas uma entre muitas perspectivas. Não foi possível ser abrangente – somos compostos de uma multidão de partes, e grande número de enfermidades aflige cada uma delas. Ordenei os capítulos da cabeça para os pés, como certos textos de anatomia, embora eles possam ser lidos em qualquer ordem. Da cabeça para os pés é provavelmente a maneira mais apropriada de abordá-los – percorrendo a extensão do corpo humano.

A medicina tem sido o meu sustento, mas trabalhar como médico também me forneceu um léxico de experiências humanas – todos os dias eu me lembro das fragilidades e forças de cada um de nós; as decepções que carregamos, assim como as celebrações. Iniciar um dia de trabalho na clínica pode ser como partir num percurso pela paisagem da vida de outras pessoas, assim como de seus corpos. Muitas vezes o terreno me é bem conhecido, mas há sempre trilhas a abrir, e todo dia vislumbro um novo panorama. A prática da medicina não é apenas uma jornada pelas partes do corpo e pelas histórias de outras pessoas, mas uma pesquisa sobre as possibilidades da vida: uma aventura no ser humano.

Esta é uma manhã típica na clínica, meu café esfria enquanto percorro uma lista de trinta ou quarenta nomes numa tela – meus pacientes do dia. Muitos dos nomes eu conheço bem, mas o primeiro da lista é novo para mim. Com um clique do mouse seus registros médicos aparecem de repente, e no canto esquerdo superior observo que sua data de nascimento foi semana passada. Ele só tem alguns dias de idade; nosso encontro hoje será o primeiro apontamento nas anotações médicas que, se tudo correr bem, irão segui-lo pelas próximas oito ou nove décadas. O vazio da tela parece tremeluzir com todas as possibilidades que se encontram à frente dele na vida.

Do vão da porta da sala de espera, chamo o nome do bebê. A mãe o aconchega junto ao peito; ela me ouve e se levanta cautelosamente. Sorri e me olha nos olhos, depois, com o bebê nos braços, me acompanha até o consultório.

"Sou Gavin Francis", digo enquanto lhe indico a cadeira, "um dos médicos. Como posso ajudar?"

Ela lança um olhar para o filho, com um misto de orgulho e ansiedade, e observo-a decidir como começar.

Cérebro

1. Neurocirurgia da alma

> "Dessa estranha maneira são nossas almas construídas, e por ligamentos assim tão frágeis estamos fadados à prosperidade ou à ruína."
>
> MARY SHELLEY, *Frankenstein*

EU TINHA DEZENOVE ANOS quando segurei um cérebro humano pela primeira vez. Era mais pesado do que eu previra; cinza, firme e com uma frieza de laboratório. Sua superfície era lisa e escorregadia, como uma pedra coberta de algas arrancada do leito de um rio. Senti medo de deixá-lo cair e ver seus contornos se romperem no piso ladrilhado.

Era o início de meu segundo ano na Faculdade de Medicina. O primeiro ano fora um corre-corre de aulas, bibliotecas, festas e epifanias. Tinham nos pedido para estudar dicionários de terminologia grega e latina, desnudar a anatomia de um cadáver até o osso e dominar a bioquímica do corpo, juntamente com a mecânica e a matemática da fisiologia de cada órgão. Quer dizer, cada órgão exceto o cérebro. O cérebro era para o segundo ano.

O Laboratório de Ensino de Neuroanatomia ficava no segundo pavimento do prédio vitoriano da Faculdade de Medicina, no centro de Edimburgo. Entalhadas no lintel sobre a porta, liam-se as palavras:

CIRURGIA
ANATOMIA
PRÁTICA DE MEDICINA

O maior peso dado à palavra anatomia era uma declaração de que o estudo da estrutura do corpo tinha importância primordial, e as outras habilidades de que nos ocupávamos – a cirurgia e a medicina – eram secundárias.

Para chegar ao Laboratório de Neuroanatomia tínhamos de subir alguns degraus, passar sob a maxila e a mandíbula de uma baleia-azul e nos esgueirar entre os esqueletos articulados de dois elefantes asiáticos. Havia algo de tranquilizador na grandeza empoeirada desses artefatos, sua estranheza de

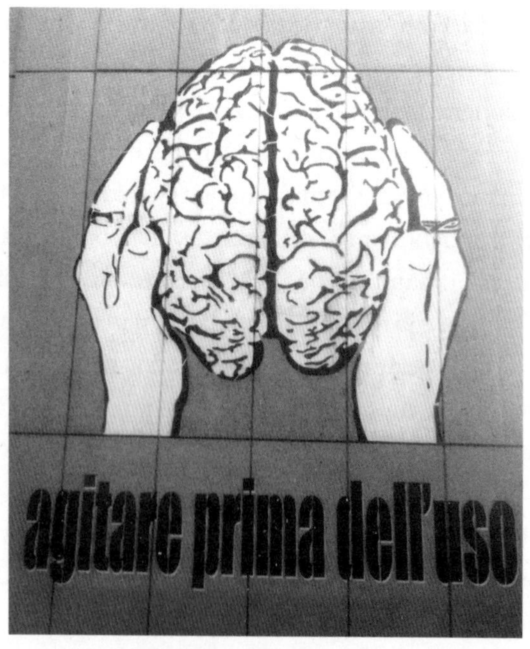

(Agite antes de usar.)

gabinete de curiosidades, como se estivéssemos sendo iniciados numa fraternidade de colecionadores, codificadores e classificadores vitorianos. Havia uma segunda série de degraus, depois algumas portas duplas, e lá estavam eles: quarenta cérebros dentro de baldes.

Nossa professora, Fanney Kristmundsdottir, era islandesa e exercia também a função de conselheira pessoal, portanto, era também a pessoa que você procurava quando descobria que estava grávida, ou se tivesse sido reprovado no exame mais de uma vez. De pé, na frente da turma, ela segurava a metade de um cérebro e começava a mostrar seus lobos e divisões. Visto em corte transversal, o núcleo do cérebro era mais pálido que a superfície. A superfície externa era lisa, mas o interior era uma complexa série de câmaras, nódulos e feixes fibrosos. As câmaras, conhecidas como "ventrículos", eram particularmente intricadas e misteriosas.

Tirei um cérebro do balde, pestanejando com as emanações dos fluidos preservativos. Era um belo objeto. Enquanto acomodava o cérebro nas mãos, tentei pensar na consciência que ele antes tivera, nas emoções que antes o agitaram através de seus neurônios e sinapses. Minha companheira de dissecação tinha estudado filosofia antes de se transferir para a medicina. "Dê-me isso", disse-me ela, tomando o cérebro em suas mãos. "Quero encontrar a glândula pineal."

"O que é glândula pineal?"

"Nunca ouviu falar de Descartes? Segundo ele, a glândula pineal é a sede da alma."

Ela pôs os polegares entre os dois hemisférios, como se fosse abrir as páginas de um livro. Na linha de junção que corria pelo meio, apontou para um pequeno grumo, uma

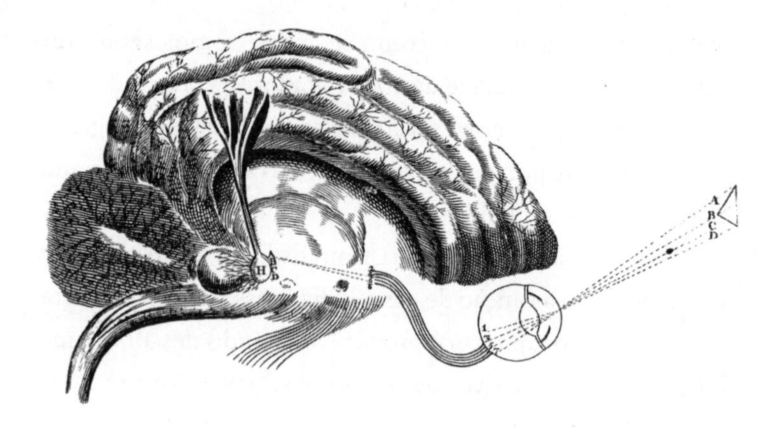

ervilha cinzenta, perto da parte posterior. "Ali está ela", disse. "A sede da alma."

Alguns anos depois tornei-me estagiário em neurocirurgia e comecei a trabalhar com cérebros vivos todos os dias. Cada vez que entrava na sala de neurocirurgia sentia um impulso de tirar as sapatilhas de plástico em sinal de respeito. A acústica desempenhava algum papel nisso: o estrépito de um carrinho e o sussurro de um atendente pareciam ecoar e reverberar por todo o espaço. A própria sala era um hemisfério, uma tigela emborcada de painéis geodésicos construída nos anos 1950. Ela parecia com o que eu imaginava ser os domos de um radar da Guerra Fria ou o reator nuclear esférico de Dounreay vistos a partir de dentro. Seu projeto parecia corporificar a crença da década na promessa da tecnologia de um futuro – um futuro iminente – sem penúria ou doença.

Mas ainda havia muita doença. Eu trabalhava longos dias e noites com cérebros feridos, e logo passei a tratá-los como órgãos machucados ou ensanguentados, como qualquer outro. Havia as vítimas de derrames cerebrais, emudecidas e paralisadas por coágulos de sangue. Havia tumores invasivos insidiosos consumindo crânios e expulsando a personalidade. Havia os comatosos e catatônicos, as vítimas de batidas de carro e de tiros, os aneurismáticos e hemorrágicos. Havia pouca oportunidade para pensar sobre as teorias da mente ou da alma, até que um dia o professor – meu chefe – me pediu que o ajudasse num caso especial.

Quando acabei de me assear e vestir o jaleco, ele já estava trabalhando. "Venha, venha", disse, levantando os olhos de uma pilha de panos verdes sobre a mesa. "Você chegou bem a tempo para a parte divertida." Eu estava vestido como ele; envolto no mesmo tecido verde que se estendia sobre a mesa, uma máscara cirúrgica sobre a boca e o nariz. As luzes da sala de cirurgia cintilavam nos óculos do professor. "Estamos cortando a janela no crânio agora mesmo." Ele se virou de volta para o trabalho e retomou sua conversa com a enfermeira à sua frente; estavam discutindo um filme americano de guerra. Começou a cortar o crânio com uma serra. Fumaça subiu do osso, junto com um cheiro que lembrava carne assada. A enfermeira borrifou água sobre a superfície do corte, para prender a poeira e manter o osso frio. Ela também segurava um tubo de sucção para puxar para cima a fumaça, que ameaçava anuviar a visão do professor.

Sentado a um lado estava o anestesista, que usava um uniforme azul, em vez do jaleco verde; fazia palavras cruzadas e ocasionalmente enfiava a mão sob a pilha de lençóis. Havia um par de outras enfermeiras trocando cochichos com as mãos cruzadas nas costas. "Fique ali", disse o professor, e indicou com a cabeça o espaço em frente. Tomei meu lugar, e a enfermeira me entregou o tubo de sucção. Eu já conhecia a paciente – vamos chamá-la de Claire – e sabia que ela sofria de severa epilepsia intratável. Aqui, excepcionalmente, estava uma pessoa afetada não por um tumor ou trauma, mas por uma delicada alteração no equilíbrio elétrico dos tecidos. Seu cérebro era normal do ponto de vista da estrutura, mas funcionalmente frágil, sempre oscilando à beira da convulsão. Se a atividade cerebral normal – pensamento, fala, imaginação, sensação – se move através do cérebro com os ritmos da música, as convulsões podem ser equiparadas a uma explosão ensurdecedora de estática. Claire havia sido tão ferida, amedrontada e prejudicada por essas convulsões que estava disposta a arriscar a vida nessa cirurgia para se ver livre delas.

"Sugue", disse o professor. E mudou a posição do tubo em minhas mãos, de modo que ele pairasse sobre a lâmina da serra, e depois começou a cortar mais osso. "Os neurofisiologistas me dizem que as convulsões se originam bem aqui embaixo." Ele bateu de leve no crânio exposto com um fórceps; o ruído foi como o da queda de uma moeda em porcelana. "É daqui que as convulsões estão vindo."

"Então vamos cortar fora a fonte das convulsões?"

"Sim, mas a fonte é muito próxima da área responsável pela fala. Ela não nos agradecerá se a deixarmos muda nesse processo."

Depois de serrar o crânio, o professor introduziu nele pequenas alavancas parecidas com as usadas para tirar o pneu da bicicleta e levantou um medalhão de osso. Entregou-o à enfermeira. "Não perca isso", disse ele. A janela, com cerca de cinco centímetros de diâmetro, revelava a dura-máter, a camada protetora que se situa abaixo do crânio, brilhante e opalina como o interior de uma concha de mexilhão. O professor removeu isso também, e eu vi um disco de matéria rosada e cremosa, estriada como areia na maré baixa, com vasos sanguíneos traçados sobre a superfície em filamentos de roxo e vermelho. O cérebro pulsava lentamente, subindo e descendo a cada batida do coração da paciente.

E agora vamos para a parte "divertida", como dizia o professor. A dose de anestésico foi lentamente reduzida, e Claire começou a gemer. Seus olhos estremeceram e depois se abriram. As cobertas tinham sido afastadas, e os pinos de aço fixados em seu crânio eram visíveis agora.

Uma terapeuta da fala havia posto sua cadeira perto da mesa de cirurgia, para se debruçar perto do rosto de Claire. A terapeuta explicou à paciente que ela estava numa sala de cirurgia, que não podia mover a cabeça e que lhe seria exibida uma série de cartões. Ela deveria dizer o nome de cada objeto e o que se pode fazer com ele. Claire grunhiu, incapaz de assentir com a cabeça, e eles começaram. Sua voz era arrastada e incorpórea por efeito dos sedativos. Os cartazes mostravam imagens como as que encontraríamos num livro de histórias para crianças. "Relógio", disse ela, "a gente sabe que horas são com ele." "Chave", falou, "a gente abre portas com ela." As imagens de objetos simples prosseguiram, puxando-a de volta para suas primeiras memórias linguísticas. Sua concentração era intensa, sobrancelhas vincadas, a testa brilhando de suor.

Nesse meio-tempo o professor havia trocado a serra e o bisturi por um estimulador dos nervos. Ele começou a dar pancadinhas na superfície do cérebro com delicadeza, no princípio contendo a respiração. Não havia nenhum sinal de bravata agora, nenhuma brincadeira ou conversa: toda a sua atenção estava concentrada em duas pontas de aço separadas por cerca de dois milímetros. O efeito elétrico era mínimo – mal seria sentido se aplicado à pele, mas, na superfície sensível do cérebro, era avassalante. O estimulador causava uma tempestade elétrica que obliterava a função normal. A porção do cérebro afetada era pequena, mas grande o suficiente para conter milhões de células nervosas e suas conexões.

"Ela continuou falando, logo, este pedacinho não é 'eloquente'", disse ele. "Portanto, podemos cortá-lo." Ele colocou um rótulo numerado, como um minúsculo selo, sobre o lugar que tinha acabado de tocar com o estimulador. O número foi cuidadosamente catalogado por uma das enfermeiras, enquanto ele passava para a área seguinte. O professor chamava esse processo de "mapeamento": o cérebro humano era uma região não mapeada que agora se abria à descoberta cirúrgica. Ele se movia cuidadosamente sobre a superfície, numerando e registrando; era um trabalho paciente, metódico. Eu tinha ouvido histórias sobre ele ter passado dezesseis horas seguidas à mesa de operação, relutando em abandonar o paciente até mesmo para ir ao banheiro ou fazer um lanche.

"Ônibus, a gente pode via... via..."

"Detenção da fala", disse a terapeuta, levantando os olhos para nós. "Vamos tentar esse novamente?" Ela mostrou outro cartão. "Faca, voceê, aah..."

"Pronto", disse o professor, apontando para a área pela qual acabara de passar com a corrente elétrica. "Cérebro eloquente." Colocou cuidadosamente outro rótulo sobre a a área e seguiu adiante.

Observei o cérebro eloquente com atenção, querendo que de alguma maneira ele diferisse do resto do tecido à sua volta. As cordas vocais e a garganta de Clara podiam produzir o som, mas aqui estava a nascente de sua voz. Eram as conexões entre os neurônios naquele exato lugar, os padrões que eles produziam quando se excitavam, que permitiam a fala, o que o definia neurocirurgicamente como "eloquente". Mas não havia nenhuma característica distintiva, nenhum sinal de que essa área do córtex era o canal através do qual Claire falava com o mundo.

Em certa ocasião, na Faculdade de Medicina, um neurocirurgião visitante nos mostrou slides de uma operação para remover um tumor cerebral. Alguém na fileira da frente levantou a mão e observou que aquilo não parecia um processo muito delicado. "As pessoas tendem a pensar nos cirurgiões do cérebro como muito hábeis", respondeu o neurocirurgião, "mas são os cirurgiões plásticos e os cirurgiões microvasculares que fazem esse trabalho meticuloso." Ele indicou o slide na parede: o cérebro de um paciente com uma série aérea de varetas de aço, grampos e arames. "Nós fazemos simplesmente jardinagem."

Depois que Claire adormeceu de novo, o professor removeu um pedaço de seu cérebro – a parte "epileptogênica" – e a jogou numa lata. "Pelo que esse pedaço era responsável?", perguntei. Ele deu de ombros. "Não tenho a mínima ideia", respondeu; "sabemos apenas que não é eloquente."

"Ela notará alguma mudança?"

"Provavelmente não, o resto do cérebro irá se adaptar."

Quando terminamos, havia uma cicatriz no cérebro de Clara, como uma cratera lunar. Com o cérebro e a mente mais uma vez anestesiados, cauterizamos os vasos sanguíneos rompidos, enchemos a cratera de fluido (para que ela não tivesse nenhuma bolha de ar se movendo dentro da cabeça depois disso) e suturamos a dura-máter com caprichados pontos de bordado. Voltamos a prender o disco de osso inserindo pequenos parafusos através de tiras de malha de titânio.

"Não os deixe cair", disse o professor ao me entregar cada parafuso. "Eles custam cerca de cinquenta libras cada um."

Desenrolamos o couro cabeludo de Claire, que se mantivera fora do caminho preso com clipes, e o grampeamos de volta no lugar. Encontrei-me com ela novamente, cerca de dois dias depois, e perguntei como estava se sentindo. "Nenhuma convulsão ainda", respondeu. "Mas vocês poderiam ter feito um trabalho melhor com o grampeamento." Sua boca se abriu num sorriso radiante: "Estou parecendo um Frankenstein."

2. Convulsões, santidade e psiquiatria

"Os homens deveriam saber que não é de nenhuma outra coisa senão do cérebro que provêm alegrias, deleites, riso e divertimentos, e dores, aflições, desalento e lamentações... É o cérebro que nos inflige todas essas coisas."

Hipócrates, *Sobre a doença sagrada*

O hospital psiquiátrico de Edimburgo parece uma residência imponente, situada num parque nos arredores da cidade. Foi construído pelas autoridades municipais para ser asilo de loucos dois séculos antes de eu estudar ali. A ideia de construir um asilo havia se formado no fim do século XVIII – os últimos anos do Iluminismo de Edimburgo – como reação à barbárie e sordidez do hospício Bedlam, no centro da cidade.* Um famoso jovem poeta, Robert Fergusson, havia morrido no Bedlam em 1774, e um médico local compassivo chamado Andrew Duncan decidira criar uma instituição melhor. O novo asilo deveria ser um dos mais misericordiosos e humanos de seu gênero na Europa.

No final do século XX, quando cheguei, o núcleo do asilo original havia sido engolido por uma incongruente arquite-

* O asilo original Bedlam, ou "Bethlehem", de Londres, cedeu seu nome a muitos dos asilos de loucos fundados posteriormente nas Ilhas Britânicas.

tura moderna. Não havia mais loucos (somente "pacientes" e "clientes"), mas mapas plastificados, fumódromos, corredores de ligação e tabuletas plásticas: "Clínica Andrew Duncan", "Serviço de avaliação de saúde mental", "Centro Rivers para transtorno de estresse pós-traumático".

Fui apresentado à dra. McKenzie, a psiquiatra responsável por me instruir – uma mulher elegante com paletó e saia de tweed azul. Ela percorreu comigo uma das enfermarias de pacientes internados. Fui estimulado a me misturar aos pacientes, sentar com eles na sala de fumar e perguntar-lhes como tinham ido parar ali. Havia um caixeiro-viajante de olhar raivoso, com a cabeça calva e um roupão sedoso: ele me contou que fora admitido por desaparafusar todas as portas de sua casa porque elas "bloqueavam energia". Havia uma mulher que passava o tempo tremendo dentro do armário da lavanderia da enfermaria e falando baixo consigo mesma – ela até dormia ali. Havia um bibliotecário trazido pela polícia que usava colete e gravata, e afirmava ser uma encarnação de Jesus. E havia Simon Edwards, um homem esquelético, idoso, com a pele como papiro, que antes de ser admitido no hospital havia se queixado de que seu corpo estava apodrecendo por dentro.

Muitos pacientes falavam de maneira incessante, quando lhes davam oportunidade, mas o sr. Edwards não. Ele passava os dias sentado em silêncio, em seu quarto, olhando para a parede, imobilizado por uma severa depressão psicótica. Recusava-se a comer, quase não dormia e mal parecia respirar – dava a impressão de querer se dissipar no nada. A dra. McKenzie me contou que os medicamentos antidepressivos usuais tinham fracassado. Como perdia peso rapidamente, o sr. Edwards estava prestes a iniciar uma série de eletroconvulsoterapia (ECT). Se eu quisesse, poderia descer na manhã seguinte e assistir à sessão.

Na manhã seguinte, hesitei à porta do Departamento de ECT, sem saber ao certo se devia entrar. A porta estava entreaberta; lá dentro eu podia ver paredes caiadas e uma luz alvejante entrava pelas janelas. O piso era coberto pelo tipo de linóleo que vemos em salas de cirurgia, abaulado em rodapés de borracha, de modo que sujeira e germes tivessem poucos lugares onde se esconder. No centro da sala havia uma cama de ferro forrada com um lençol branco. A porta se abriu, puxada pela dra. McKenzie. Ela havia tirado o paletó de tweed e estava arregaçando cuidadosamente as mangas da blusa. Havia um anestesista de costas para a cama; quando entrei na sala ele se virou para me cumprimentar. Um monitor médico numa plataforma rolante encontrava-se junto à cama. Havia uma bandeja de drogas anestésicas, um desfibrilador para o caso de parada cardíaca e o cilindro de oxigênio ligado a uma máscara. Todo esse equipamento era familiar na sala de emergência do principal hospital da cidade, mas surpreendia vê-lo aqui, num ambiente mais voltado para a psicologia, a terapia ocupacional e os comprimidos. O próprio gerador de ECT era uma caixa azul compacta com tomadas, chaves e uma série de fios elétricos. Ele tinha um painel de instrumentos de LED vermelho vivo, como o cronômetro numa bomba hollywoodiana.

O sr. Edwards entrou numa maca com rodinhas e ajudaram-no a se deitar na cama. Seus olhos eram uma coagulação de sofrimento: chorosos e opacos. Ele não disse nada, apenas olhou inexpressivamente para o teto, nem se encolheu quando o anestesista deslizou uma agulha em sua veia. Como era incapaz de dar autorização para a ECT, era tratado em uma das seções do Mental Health Act.* Duas drogas foram injetadas na agulha: um anestésico de ação rápida e um relaxante muscular, do contrário o espasmo provocado pela convulsão de ECT pode provocar lesão em ossos e músculos. Depois de paralisado e anestesiado, o paciente teve um tubo de plástico inserido na boca para impedir que engolisse a língua. A respiração foi mantida através da máscara pelo anestesista.

A dra. McKenzie pôs um eletrodo cilíndrico de metal, com a forma de um martelo de juiz, contra cada uma das têmporas do sr. Edwards. Ela apertou um botão no cabo de cada um deles, e tive a impressão de ouvir um gemido baixo, como o som de um mosquito na orelha. O rosto do sr. Edwards tremeu, seus braços se dobraram e seu corpo começou a se contrair e a estremecer. "Por que ele está estremecendo, se foi paralisado?", perguntei, querendo saber se havia alguma coisa errada.

"Esses movimentos tônico-clônicos são na realidade mínimos", disse o anestesista. "Se não o tivéssemos paralisado, seriam muito mais intensos."

Depois de apenas vinte ou trinta segundos os braços do sr. Edwards caíram sobre a cama. O anestesista virou-o sobre o lado direito e, depois de verificar que estava tudo bem, empurrou-o na maca para a outra sala.

A dra. McKenzie desenrolou suas mangas e abotoou o paletó. "Há muita superstição em torno da ECT", disse ela ao chegar à porta, "mas é uma das terapias mais seguras e, em alguns casos, mais eficientes que temos."

---

* Essas "seções" do Mental Health Act dão origem à palavra *sectioned*. (A palavra designa pacientes internados ou submetidos a procedimentos de maneira compulsória, de acordo com essas seções. [N.T.])

O sr. Edwards foi submetido a um regime de dois tratamentos por semana. A princípio houve pouca melhora, mas depois de algum tempo sua expressão facial, antes vazia, se alterava quando eu ou uma das enfermeiras entrávamos em seu quarto para falar com ele. Parecia sobressaltado com a vida, como um Lázaro não convencido de que recebera uma graça. Depois de duas semanas começou a falar.

A ELETROCONVULSOTERAPIA É UM dos tratamentos mais controversos da psiquiatria – é menos usada hoje que nas décadas anteriores, mas ainda é recomendada em alguns casos de depressão severa. Ela provoca convulsões epilépticas ao aplicar eletricidade nas têmporas da pessoa inconsciente – ideia dramática e, para alguns, amedrontadora acerca da terapia médica. Há muito as convulsões são consideradas uma transformação alarmante do corpo – para os gregos antigos, elas eram "A doença sagrada": evidência de comunicação direta entre o mundo humano e o reino espiritual. Os ataques parecem dominar a carne, como se o espírito estivesse possuído ou tivesse abandonado o corpo temporariamente. Após uma convulsão, muitas pessoas experimentam um período de calma sedação, enquanto o cérebro recobra seu estado anterior. É compreensível que as convulsões outrora fossem tidas como "sagradas" – a primeira vez que vi alguém tombar com um ataque, sacudir-se e depois cair no sono, foi como se tivesse assistido a um processo de possessão, catarse e santificação.

Paracelso, médico alquimista do século XVI, chamou a epilepsia de "A doença da queda". Ele concordava com os gregos antigos: a epilepsia era "uma doença espiritual, e não uma doença material",[1] mas, apesar de sua base espiritual, ele insistia em que as convulsões podiam responder ao tratamento físico, recomendando uma mistura de cânfora (óleo irritante feito da casca do canforeiro), cinza de metal e "extrato de unicórnio". No século XVI, considerava-se que a ingestão de cânfora *causava* convulsões, sendo portanto paradoxal que Paracelso recomendasse seu uso na epilepsia.

Um grande problema da época era como sedar os loucos para impedir que ferissem a si mesmos e aos outros, e Paracelso havia percebido que os epilépticos pareciam subjugados após os ataques. Sua genialidade consistiu em associar as duas coisas: ele se perguntou se, induzindo convulsões com cânfora, não poderia sedar aquelas pessoas tomadas por um frenesi agitado – o primeiro caso registrado de terapia de choque.[2] A influência de Paracelso ainda se fazia sentir no século XVIII: foram publicados vários relatos nos anos 1700 descrevendo convulsões induzidas pela cânfora no tratamento tanto da loucura quanto da mania.

No século XIX a cânfora saiu de moda – era perigosa demais e pouco confiável –, mas o conceito foi ressuscitado na década de 1930 por um neurologista húngaro, Ladislas Meduna. Ele havia examinado cérebros por meio de microscópio e observado que os cérebros dos indivíduos que haviam sofrido epilepsia eram incomumente densos de "neuróglia" – as células auxiliares que fornecem sustentação para o cérebro. A proliferação de células neurogliais representa uma forma de cicatriz (o cérebro dos pugilistas também exibe essa "gliose"). Outros haviam relatado que o cérebro dos esquizofrênicos tem uma concentração de células neurogliais inferior à normal, e Meduna se perguntou se as duas observações estavam relacionadas. Se pudesse ocasionar cicatrização pela indução de convulsões repetitivas, raciocinou, talvez conseguisse subjugar a loucura (o mesmo raciocínio poderia tê-lo levado a recomendar que os esquizofrênicos praticassem boxe).

Ele começou em 1934 como Paracelso fizera quatro séculos antes, usando cânfora. Mas, em vez de empregá-la para aquietar os pacientes tomados por exaltação maníaca, escolhia sujeitos cuja psicose se manifestava por catatonia – um estupor indiferente. Após convulsões induzidas pela cânfora, certos pacientes de fato passavam a reagir mais; ele afirmou ter alcançado um índice de sucesso de 50% ao "chocar" seus pacientes, levando-os a interagir com o mundo.[3] A cânfora era lenta e desagradável para o paciente: algumas vezes as convulsões não se produziam nas três horas seguintes à dolorosa injeção intramuscular. Meduna passou a usar uma droga chamada Cardiazol, que funciona muito mais rapidamente, mas tem horríveis efeitos colaterais para o paciente – dá início a espasmos musculares e gera fortes sensações de pânico. Apesar disso, nos anos 1930, psiquiatras de toda a Europa realizaram experimentos com convulsões induzidas por Cardiazol no tratamento de seus pacientes catatônicos.

Os anos 1930 foram um tempo de experimentação imprudente com o cérebro: foram realizadas as primeiras lobotomias e surgiu uma divisão entre "neurologia" e "psiquiatria" que espelhava a distinção que se desenvolvia entre distúrbios do cérebro e da mente. Entre os que trabalhavam em psiquiatria, havia a sensação de que era preciso fazer alguma coisa para pô-la em igualdade de condições com o resto da medicina "física", em que novos tratamentos eram desenvolvidos a cada ano.[4]

Em 1934, uma dupla de psiquiatras italianos que trabalhava em Roma – Ugo Cerletti e Lucio Bini – começou a fazer experimentos com eletricidade, em lugar do Cardiazol, para induzir convulsões. Suas primeiras tentativas envolveram ferir ou eletrocutar cães inserindo-lhes eletrodos na boca e no ânus. Os cães frequentemente morriam, e Bini compreendeu que a corrente elétrica que atravessava o coração provocava uma parada cardíaca fatal. Ele passou a transmitir a corrente entre as têmporas dos cães, tendo observado que os matadouros em Roma usavam eletricidade dessa maneira para atordoar os porcos antes de matá-los.

Os dois homens levaram algum tempo para estabelecer a voltagem e a corrente corretas a fim de dar choques num ser humano e produzir uma convulsão epiléptica completa sem causar morte. Em 1938 Mussolini estava classificando dissidentes políticos como insanos, enquanto Hitler implementava a esterilização dos que sofriam de epilepsia, esquizofrenia e dependência de álcool – consta que Cerletti era assinante de uma revista fascista. Foi nesse contexto político venenoso que Cerletti e Bini escolheram seu primeiro paciente: um homem denominado "S.E." num relato posterior, que havia sido recolhido balbuciante e alucinado na Stazione Termini, a grande estação ferroviária de Roma.

Cerletti era professor de elevada reputação e tinha uma cátedra no Instituto Psiquiátrico de Roma, mas estava tão ansioso quanto à natureza experimental da ECT que sua prova foi realizada em segredo. Usando um equipamento construído por ele e Bini, e informados por seus experimentos com cães, eles imobilizaram S.E. e administraram-lhe um choque – oitenta volts de corrente alternada por apenas 0,25 segundo. O choque não produziu uma convulsão, e quando Cerletti se preparava para aumentar a duração, diz-se que S.E. teria respondido: "Cuidado, o primeiro foi irritante, o segundo será mortífero!" A duração foi aumentada mais duas vezes, para 0,5 e 0,75 segundo, mas novamente malogrou. Foi só quando eles elevaram a voltagem para 110 que o choque funcionou, e S.E. teve uma completa convulsão de grande efeito (isto é, perda de consciência e demorados movimentos involuntários dos membros).

Os relatos variam. Segundo um deles, depois que a convulsão passou, S.E. sentou-se com um "vago sorriso" e, à pergunta sobre o que lhe havia acontecido, respondeu claramente: "Não sei, talvez eu tenha dormido." Segundo outro relato, ele cantou uma canção popular, ou, de acordo com um terceiro, teria dito apenas "algo indiferente sobre morrer". Mas todos concordam que S.E. se tornou mais coerente; ao longo dos dois meses subsequentes Cerletti e Bini lhe aplicaram mais dez choques do que decidiram chamar de "terapia de eletrochoque". Numa consulta de acompanhamento, um ano depois, S.E. afirmou que estava "muito bem", embora sua mulher tenha dito que, "às vezes, durante a noite, ele falava como se estivesse respondendo a vozes".

S.E. foi o primeiro, mas haveria milhares de outros. Como ocorre com muitos tratamentos na medicina, os médicos tornaram-se seus advogados antes mesmo que o perfil dos efeitos colaterais e indicações específicas tivesse sido claramente compreendido (o mesmo estava acontecendo com vítimas de lobotomia, que eram muitas vezes devolvidas às suas instituições após a cirurgia sem nenhum acompanhamento). Cerletti e Bini haviam recomendado a ECT para os casos de esquizofrenia, e apenas dez ou doze choques, mas logo eram prescritas séries de tratamentos que chegavam às centenas, e suas indicações se ampliaram para combater os sofrimentos de depressão, ansiedade, distúrbio obsessivo-compulsivo, hipocondria, toxicomania, alcoolismo, anorexia e transtorno de conversão (manifestação radical de sintomas psicossomáticos). Ela foi experimentada em crianças e para "curar" a homossexualidade. Nos Estados Unidos, havia relatos de asilos estatais em que a ECT era usada como punição em pacientes que não haviam terminado a refeição ou naqueles que tinham exibido comportamento agressivo. Era aconselhada em particular nos casos de pacientes que não possuíam seguro de saúde que cobrisse uma série completa de drogas antidepressivas, ou para reduzir custos de mão de obra na enfermaria. Um programa controverso usou repetidamente a ECT num paciente sedado a fim de reduzir sua função cognitiva até o nível de um bebê. O objetivo era "despadronizar" o indivíduo, que poderia começar de novo como uma "tábula rasa", sem apresentar psicopatologia. Mais tarde se revelou que seu autor, Ewen Cameron,[5] havia recebido financiamento da CIA para desenvolver técnicas de "lavagem cerebral" em que a ECT desempenharia importante papel.[6]

Por que foi tão difícil para Cerletti e Bini estimar a quantidade certa de eletricidade para induzir a convulsão? O crânio humano possui grande resistividade elétrica, comparável à do silício utilizado em eletrônica, e o limiar para produzir uma convulsão de grande mal pode variar até cinco vezes entre diferentes indivíduos em razão das particularidades elétricas do cérebro e do couro cabeludo. Durante os primeiros quarenta anos da terapia, houve também grandes variações no equipamento usado para fornecer a eletricidade: alguns empregavam uma onda senoidal de corrente alternada gerada por rede elétrica, minimamente modificada a partir da tomada, enquanto outros forneciam uma breve série de pulsos de corrente contínua. Essas máquinas mais "eficientes" provocavam convulsões com menos eletricidade, mas os psiquiatras descobriram que tinham de aumentar a voltagem acima daquela requerida puramente para provocar convulsões, ou a terapia não parecia funcionar. Um dos efeitos colaterais comuns era a dificuldade de falar após a convulsão, e pensava-se que isso era causado pelo atordoamento do hemisfério dominante do cérebro (na maioria das pessoas, o esquerdo). Foram feitas tentativas de evitar esse efeito aplicando eletricidade somente no hemisfério direito ("ECT unilateral"), mas, novamente, era preciso elevar a corrente acima daquela demandada para apenas provocar uma convulsão, ou o tratamento mostrava-se menos eficiente. Parecia que a própria passagem da corrente elétrica, e não apenas a convulsão, fazia alguma coisa para afetar o estado mental dos pacientes.

Os neurocientistas podem examinar a função cerebral com eletroencefalogramas (EEGs), que representam em gráfico pequenas alterações na atividade elétrica do cérebro medindo-a na superfície do couro cabeludo. Compreender a delicadeza do funcionamento neuronal com um EEG é mais ou menos tão delicado quanto formar uma ideia acerca das relações sociais dentro de uma cidade sobrevoando-a num avião bombardeiro, mas, tal como as imagens aéreas, os EEGs podem transmitir informação útil. Durante as convulsões, redes de células cerebrais detonam num frenesi rodopiante, caótico; as linhas suavemente ondulantes do EEG em repouso mudam de súbito para formas pontiagudas e recortadas, como as chamas de uma tempestade de fogo atravessando o cérebro com impetuosidade.

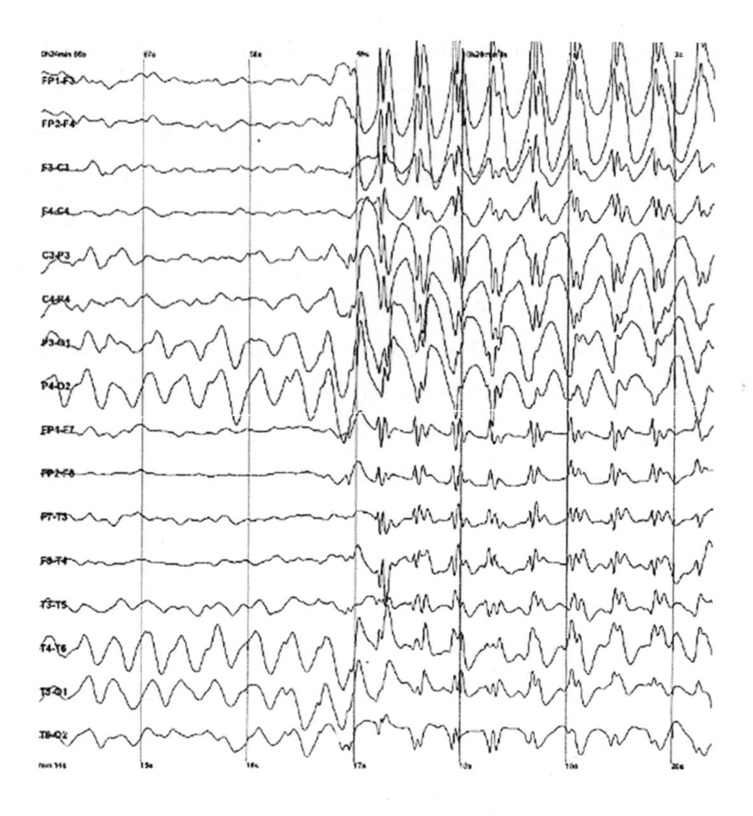

Durante uma série usual de ECT (na Grã-Bretanha e nos Estados Unidos, atualmente, apenas de seis a doze aplicações), as ondas cerebrais entre os tratamentos por convulsão tornam-se mais lentas e a voltagem e corrente requeridas para provocar cada convulsão se elevam. Os neurônios se comunicam uns com os outros através de espaços microscópicos chamados sinapses, liberando minúsculas quantidades de substâncias químicas denominadas neurotransmissores. Estudos com animais mostraram que, à medida que uma série de tratamentos de ECT avança, os neurônios se tornam mais sensíveis àqueles neurotransmissores que refreiam as convulsões, contudo, mais resistentes aos que as estimulam. É como se o cérebro alterasse sua própria química numa tentativa de reduzir a probabilidade de novas convulsões. Essa alteração na química cerebral cria mudanças mal compreendidas, mas confiavelmente reproduzíveis na experiência mental e emocional.

Como poderia a alteração do estado elétrico do cérebro ajudar aqueles que estão num estado de extremo sofrimento mental? O efeito da eletricidade é benéfico, ou as mudanças nos neurotransmissores causadas por convulsões, ou as circunstâncias que envolvem o tratamento? A ECT perturba algumas das conexões neuronais envolvidas na memória, e lembranças de coisas ocorridas perto do instante do tratamento podem ser perdidas. Alguns psiquiatras propuseram que a perda de lembranças poderia até ser parcialmente responsável pelos benefícios terapêuticos da ECT (e alguns pacientes seguiram a terapia acreditando que o objetivo dos procedimentos era a extinção de lembranças ruins).[7] Outros psiquiatras acham que um aumento do nível de certos neurotransmissores no cérebro tem um efeito antidepressivo específico. Alguns pensadores de orientação freudiana chegaram a ponto de propor que a natureza aparentemente drástica da ECT funciona ao oferecer redenção para sentimentos de culpa intensa – posição não muito distante daquela dos gregos antigos.

É como se estivéssemos de volta a Paracelso: as convulsões são uma maneira de se relacionar com o espiritual, e invocá-las com a eletricidade oferece um atalho para um estado de ser diferente.

Mais de oitenta anos se passaram desde os experimentos furtivos de Cerletti com a ECT, e alguns críticos expressaram a preocupação de que o tratamento ainda esteja sendo realizado em segredo – que ainda seja um rito arcano, e não uma moderna terapia médica. Ela continua controversa como sempre, embora sua mecânica não seja mais condenável ou chocante que a de outros procedimentos médicos ou cirúrgicos perfeitamente aceitos. Por exemplo, ninguém protesta quando a eletricidade é usada pelos cirurgiões para cauterizar vasos sanguíneos, mas o cautério não produz a transformação perturbadora de uma convulsão.

Nos últimos anos, psiquiatras na Escócia tentaram lidar com o sigilo com que a ECT foi tradicionalmente aplicada criando uma rede aberta para examinar, auditar e avaliar a experiência de todas as pessoas que a recebem no país. Desde 2009, a Scottish ECT Accreditation Network (Sean) publica on-line relatórios anuais anônimos de todos os hospitais e clínicas da Escócia que empregam a ECT. Os psiquiatras da Sean não querem que essa terapia seja ocultada, estigmatizada e envolta em mistério – eles abriram seu trabalho para avaliação pública de uma maneira que outras especialidades médicas deveriam imitar.

A reputação do tratamento na imaginação popular foi obscurecida pela literatura: em *Um estranho no ninho*, de Ken Kesey, ela é um instrumento de tortura, ao passo que para Sylvia Plath, em *A redoma de vidro*, é alternadamente aterrorizante e transcendental – aterrorizante quando administrada por um médico insensível e transcendental quando aplicada por alguém mais compassivo. Para Sylvia Plath, a ECT é ao mesmo tempo sagrada e profana, punição e tratamento – para sua protagonista ficcional em *A redoma de vidro*, ela parece ter o poder tanto de condenação quanto de redenção.* É notável que, em muitas das descrições profundamente negativas da ECT na literatura, o paciente não tinha sido sedado e anestesiado para o tratamento – a experiência do paciente moderno é muito mais benigna para a maioria das pessoas.

Em saúde mental, mais que em outras especialidades, mais "físicas", pode ser difícil definir o que constitui recuperação – o próprio conceito é escorregadio, e depende de quem pergunta se ela é ou não alcançada. Quando Simon Edwards começou a falar, ele descrevia apenas aspectos do hospital – a comida, as camas, quão bem tinha dormido. Contudo, depois, detalhes sobre sua vida e seu deslizamento rumo ao desespero começaram a emergir. "Isso tomou conta de mim tão lentamente", disse ele, "que por um longo tempo acho que não percebi que havia algo errado. Era como um peso sobre mim, um nevoeiro sufocante." Três semanas após iniciar o tratamento, ele estava ganhando peso. "O que mudou?", perguntei-lhe. "Como se sente diferente?"

"Antes eu mal conseguia me mexer", disse ele. "Sentia-me tão oprimido. Mas há agora um espaço entre mim e esse peso, um espaço vazio." Ele tinha perdido toda a memória dos dias em torno do início do tratamento e não conseguia se lembrar de nosso primeiro encontro. Mas não estava mais atormentado pela crença de que apodrecia por dentro; um mês depois de iniciar o tratamento, estava pronto para ir para casa.

Em sua última manhã no hospital, fui lhe dar adeus. Sua mulher estava lá, ajudando-o com o paletó e endireitando-lhe as lapelas.

---

* Ver especialmente o poema de Sylvia Plath "The hanging man".

"Estou bem", disse ele com irritação, "posso fazer isso."

"Não sei por onde ele andou", ela me falou, "mas é bom tê-lo de volta."

Quanto mais passei a falar sobre a ECT com outras pessoas, mais histórias parecidas com a do sr. Edwards eu encontrei. Um amigo contou-me como o tratamento fora útil para sua avó; alguém relatou como a vida de seu tio fora salva pela ECT. A ECT é uma terapia poderosa – social, psicológica e neurologicamente. Pode causar confusão e perda de memória, e perturbar a coerência do pensamento. Mas quando nosso estado habitual é de sofrimento penetrante, paralisante, reaver a coerência do pensamento pode ser experimentado como uma trégua.

A ECT tem grande probabilidade de ajudar quando a depressão de uma pessoa é de alguma maneira "psicótica" (ela tem crenças que são manifestamente inverídicas, como a de estar apodrecendo por dentro) ou "retardada" (ela fica sentada em silêncio, contemplando a parede) – o sr. Edwards estava precisamente no grupo com mais chances de se beneficiar da terapia. É muito menos benéfica quando o sofrimento corresponde a um dos outros tópicos no catálogo cada vez maior do desespero (atualmente há vinte ou trinta deles, listados como F.32-F.39 na Classificação Internacional das Doenças). Lucy Tallon, mulher que sofreu acessos recorrentes de depressão durante mais de dez anos, escreveu sobre como são "milagrosos os efeitos da ECT – insinuando uma experiência beatificadora.[8] Ela reforça sua posição citando Carrie Fisher, outra defensora da terapia de choque, para quem ela "extirpava as luzes negras de minha depressão".[9]

Contudo, para cada experiência positiva com a ECT que é publicada, parece haver duas ou três negativas; e as pessoas com depressão psicótica severa – as que têm maior probabilidade de se beneficiar – são as menos propensas a compartilhar suas histórias. Como Plath testemunhou em *A redoma de vidro*, a maneira como os médicos conversam com seus pacientes – a medida em que são compassivos, empáticos e solidários – pode ter tanta influência na recuperação quanto o tratamento físico prescrito. Dessa perspectiva, cada vez mais reconhecida na pesquisa psiquiátrica, não é a terapia que faz a maior diferença e sim o terapeuta.

Como em muitas áreas da psiquiatria, Freud chegou lá primeiro: "Todos os médicos, inclusive vocês mesmos, estão continuamente praticando psicoterapia, mesmo quando não têm nenhuma intenção de fazê-lo e não estão cientes disso."[10] Não há nada de sagrado nas convulsões, mas talvez exista realmente algo de sagrado numa boa relação médico-paciente.

Cabeça

3. Olho: o renascimento da visão

"De todas as coisas que me aconteceram, acho que a menos importante foi ter sido cego."

James Joyce, tal como citado por J.L. Borges

Meu consultório em Edimburgo tem uma grande janela voltada para leste, e durante a maior parte do ano examino meus pacientes à luz natural. A exceção se dá quando um paciente se queixa de perda de visão, e quero olhar dentro de seus olhos com o oftalmoscópio. Nesse caso, é necessário fechar as persianas e andar tateando na escuridão, mãos estendidas, de volta à cadeira onde o paciente está sentado. O oftalmoscópio emite um feixe de luz através de uma pequena abertura, e eu o coloco bem junto ao meu próprio olho e depois me movo até ficar a milímetros do olho do paciente. Há poucos exames mais íntimos: minha bochecha muitas vezes roça a dele, e em geral nós dois, por polidez, acabamos prendendo a respiração.

Essa é uma experiência perturbadora, que projeta a imagem do olho interno de alguém tão nitidamente no seu próprio olho, retina examinando retina através da lente. Pode ser espantosa também: olhar para o eixo do feixe de luz é como olhar para o céu noturno com uma ocular. Se a veia central da retina estiver bloqueada, as hemorragias escarlates daí resultantes são descritas nos livros-texto com "a aparência de pôr do sol tempestuoso".

Algumas vezes observo pálidas manchas retinais causadas por diabetes, e elas lembram nuvens cúmulos. Em pacientes com pressão sanguínea elevada, o brilho ramificado, prateado, nas artérias retinais parecem zigue-zagues de relâmpagos. A primeira vez que olhei para a abóbada curva do globo ocular de um paciente vieram-me à lembrança aqueles diagramas medievais que mostravam o céu como uma tigela emborcada.

Segundo a opinião dos antigos gregos, a visão era possível graças a um fogo divino dentro do olho – o cristalino (ou lente) era uma espécie de transmissor que irradiava energia para o mundo. Os reflexos cintilantes nos olhos vistos à luz do fogo pareciam confirmar essa teoria, sustentada pelo poeta e filósofo grego Empédocles nada menos que 2.500 anos atrás. Em meio a uma série de metáforas comparando o olho com a Lua e o Sol, ele escreveu: "Como quando um homem, prestes a partir, prepara uma luz e acende uma fogueira de fogo flamejante, assim também o Fogo primevo escondeu-se uma vez na pupila redonda do olho."[1]

Dois séculos mais tarde Platão pensava da mesma maneira, embora Aristóteles (acreditando que a luz era única ao obedecer às mesmas leis no céu ou na Terra) tenha começado a questionar a teoria – se nossos olhos revestem eles mesmos o mundo de luz, por que não podemos enxergar no escuro? No século XIII o filósofo inglês Roger Bacon optou por uma solução de compromisso: a alma se estende a partir do cristalino numa projeção que "enobrece" nosso ambiente, mas esse ambiente se projeta de volta sobre os olhos.

No século XVII, as perspectivas clássicas sobre a visão estavam desmoronando. Os astrônomos, cujo próprio ofício era a elucidação e a compreensão da luz, esquadrinhavam o olho de modo a melhor compreender os astros. O astrônomo e místico Johannes Kepler foi o primeiro a escrever sobre como uma imagem do mundo era projetada de cabeça para baixo e de trás para a frente sobre a retina. Quando tentava calcular o movimento dos planetas em torno do Sol, Isaac Newton iniciou experimentos drásticos para pôr à prova a confiabilidade de sua própria visão. Inserindo uma longa agulha grossa e sem ponta em sua própria órbita, entre o osso e o globo ocular, ele descreveu como sua visão se distorcia se a agulha fosse sacudida de um lado para outro. A compreensão não progrediu muito desde Newton até o século XX, quando a teoria quântica e as teorias da relatividade de Einstein começaram novamente a transformar nossa compreensão de como a luz funciona.

Se você estiver sentado lendo este livro à luz solar, os fótons que chegam à sua retina nasceram há apenas oito minutos e meio, por meio de fusão no núcleo do Sol. Há cinco minutos eles passaram como um raio pela órbita de Mercúrio, há dois minutos e meio deixaram Vênus para trás. Os que não forem interceptados pela Terra passarão pela órbita de Marte daqui a cerca de quatro minutos, e pela de Saturno dentro de pouco mais de uma hora. Depois dessa viagem através do espaço, num tempo imutável (porque, como Einstein compreendeu, por se mover à velocidade da luz, o tempo é imobilizado), a luz branca do Sol envolve o mundo à nossa volta e se fragmenta numa dispersão multicolorida. Essa dispersão é afunilada pela córnea e o cristalino do olho antes de tombar na rede de segurança da retina. A energia desse impacto faz com que proteínas dentro da rede se curvem, iniciando uma reação em cadeia, a qual, se proteínas suficientes se torcerem, leva à excitação de um único nervo da retina e à percepção de uma única centelha de luz.

Podemos saborear o que está em nossas bocas, tocar o que está ao nosso alcance, sentir cheiros a centenas de metros e ouvir coisas a dezenas de quilômetros. Mas é somente através da visão que estamos em comunicação com o Sol e as estrelas.

O livro dos seres imaginários, de Jorge Luis Borges, foi publicado pela primeira vez dois anos depois que seu autor sucumbiu ao "lento anoitecer" da cegueira, da qual vinha sofrendo desde o nascimento, por uma combinação de catarata e descolamentos da retina. Eu não poderia olhar os olhos de Borges com um oftalmoscópio: a abóbada de sua retina estava desmoronando, e as nuvens de catarata que se formavam no cristalino teriam obscurecido a minha observação.

O livro dos seres imaginários reserva uma página inteira para a discussão acerca dos "Animais em forma de esfera". O maior destes, acreditava Borges, era a própria Terra, que foi considerada um ser vivo por pensadores tão eminentes e diversos quanto Platão, Giordano Bruno e o próprio Kepler. Borges cita a visão que Kepler tinha da Terra como um vasto orbe, "cuja respiração semelhante à de uma baleia, mudando com sono e vigília, produz o fluxo e refluxo do mar", e descreve a esfera como a mais simples, a mais bela, a mais harmoniosa das formas, porque todos os pontos em sua superfície são equidistantes do centro. O pesar que Borges sentiu com a perda de sua visão vem à tona fugazmente quando ele observa que a forma esférica da Terra lembra o olho humano – "o mais nobre órgão do corpo" –, como se nossos olhos fossem eles mesmos corpos celestes em miniatura.

Aprendi oftalmologia com um talentoso cirurgião que tinha o nome exoticamente sincrético de Hector Chawla. Ele adorava mostrar que, embora os oftalmologistas usem o termo "*globo* ocular", ele não tem de fato a forma de um planeta, assemelhando-se mais a um fundo copo de conhaque.* Sua haste, o nervo óptico, tem a base extensamente mergulhada nos recessos mais escuros do cérebro, ao passo que a concavidade de seu bojo é prateada de fibras nervosas sensíveis à luz – a retina. Nas apostilas de Chawla, o cristalino, a íris e a córnea eram como um boné pousado sobre um copo.

---

* Muito poucos corpos celestes são verdadeiras esferas tampouco. A Terra é um esferoide achatado nos polos. Nem a Lua é uma esfera: ela se projeta em direção ao nosso planeta da mesma maneira que a córnea se projeta do olho.

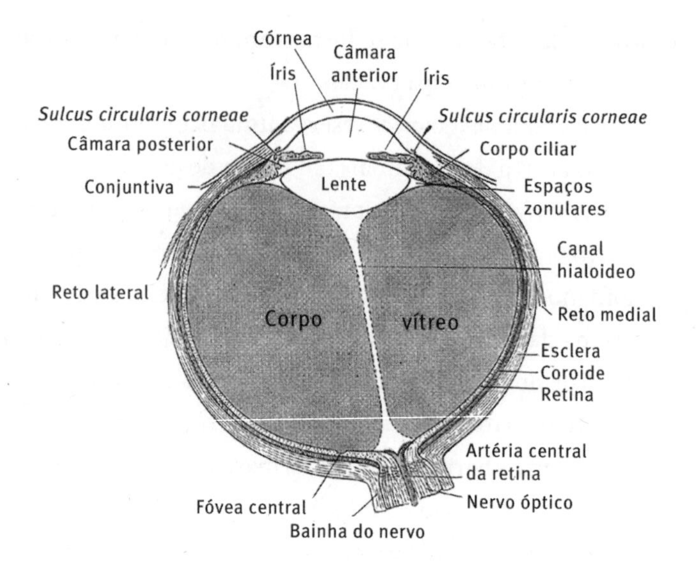

Para muitos médicos, a oftalmologia parece tão envolta em mistério quanto a alquimia, mas Chawla ensinou-nos a examinar o olho numa linguagem clara, sensata: "A oftalmologia tende a ser pensada como uma mistura de misticismo e a aplicação de colírios quatro vezes ao dia", dizia ele; "é quando fechado que o olho está mais feliz, mas ele tem de se abrir para ser de alguma utilidade". Como Newton ou Kepler, Chawla usava metáforas astronômicas para explicar a função do olho: "Raios paralelos de luz vindos do infinito concentram-se na mácula sem esforço, como uma lente convexa que concentra o Sol para queimar um pedaço de papel." Para avaliar a profundidade da câmara na frente do olho, ele nos aconselhava a efetuar o "teste do eclipse": acender uma lanterna sobre a íris a partir do lado para revelar sua convexidade, assim como a curvatura da Lua é revelada pelos raios laterais do Sol.

Borges herdou sua fortuna e sensibilidade patrícia da mãe, mas o amor à literatura e a cegueira lhe vieram do pai e da avó paterna. Os oftalmologistas têm dificuldade em concordar em relação à causa da cegueira da família de Borges, mas parece provável que o glaucoma – uma elevação patológica da pressão dos fluidos dentro do olho – tenha sido um prelúdio para as cataratas que lhes sobrevieram.[2]

Shakespeare, disse Borges, não foi muito preciso ao descrever o mundo do cego como algo escuro: sua visão era obscurecida não pela escuridão, mas por névoas turbulentas de luz verde. Ele preferia a maior sutileza de Milton; Milton, que arruinou seus olhos escrevendo panfletos antimonarquistas, e cujo "mundo escuro e amplo" transmitiu a maneira como os cegos são obrigados a se mover de maneira hesitante, com as mãos estendidas. Borges se identificava também com a maneira como Milton compunha poesia, guardando-a em sua memória – como Borges mais tarde foi obrigado a fazer –, "quarenta ou cinquenta hendecassílabos" de cada vez, e ditando-os para visitantes quando apareciam. Foi de uma amarga ironia o fato de que o ano em que Borges assumiu seu cargo como diretor da Biblioteca Nacional da Argentina tenha sido também o ano em que perdeu a visão. Ele se viu vagando pelo labirinto de 1 milhão de livros, mas incapaz de ler.

Fotografias de Borges mostram-no com um transcendente estrabismo, como se um olho estivesse observando o mundo, enquanto o outro testemunhava eventos no plano astral. À medida que sua visão declinou, ele perdeu a percepção das cores em diferentes ritmos. O vermelho foi o primeiro a desaparecer, e foi o mais fortemente pranteado – seu ensaio "Cegueira" contém uma chamada dos nomes pelos quais o vermelho é conhecido em algumas das línguas que sabia: *"scharlach, scarlet, ecarlata, écarlate"*.[3] Azuis e verdes se fundiram uns com os outros, e somente o amarelo lhe "permaneceu fiel". Os amarelos do ouro frequentavam seus sonhos; meio século após visitar o recinto dos tigres no zoológico de Palermo, ele escreveu uma coleção de poemas intitulada *O ouro dos tigres*, lastimando-se pela perda da visão, mas em outros lugares seus escritos sugerem que se reconciliou com ela. Em seu poema "Um homem cego" ele parafraseia Milton: "Repito que perdi apenas/ as mais vãs superficialidades das coisas."

O início da cegueira do próprio Borges poderia tê-lo destruído, mas embora experimentasse dor pela perda da visão, ele se lançou entusiasticamente no que descreveu como "aquela literatura que excede a vida de um homem, e mesmo gerações de homens" – a literatura da língua inglesa. Foi depois de ficar cego que ele iniciou o estudo de duas das raízes do inglês: anglo-saxão e nórdico antigo. Em seu escritório na Biblioteca Nacional em Buenos Aires, reunia estudantes à sua volta para sessões de leitura dos clássicos medievais de outro continente: *Beowulf*; *A Batalha de Maldon*; *Edda em prosa*; *Saga dos Volsungos*. "Cada palavra era uma espécie de talismã que desenterrávamos", escreveu ele sobre as sessões com seus alunos, "ficávamos quase embriagados." Assim como as constelações só se tornam visíveis na escuridão, foi através do lento anoitecer de sua cegueira que ficou claro para ele quanta literatura ainda tinha a explorar.

UM DOS MEUS INSTRUTORES na escola de medicina tentou me estimular a seguir a carreira de oftalmologista. Ele mesmo não era especialista nessa área – seu campo era o tratamento de cânceres em crianças. Contou-me que alguns de seus pacientes tinham uma taxa de sobrevivência de menos de 50%, apesar da melhor químio e da radioterapia. Ele era compassivo, eficaz, empenhado e entusiástico, mas, quando as crianças morriam, os pais tinham necessidade de culpar alguém, e isso significava que ele era frequentemente processado. "Acontece o tempo todo", disse-me em sua sala, enquanto passava os olhos em mais uma comunicação de litígio. "As pessoas ficam devastadas pela dor. Agora, sobre sua carreira... já pensou em oftalmologia?" Observei sua expressão enquanto ele jogava a carta para um lado, a exaustão empalidecendo por um momento a sua tez. "Imagine como seria maravilhoso", disse, com o rosto se iluminando, "dar a seus pacientes o dom da visão!" A maioria dos oftalmologistas passa parte da semana restaurando a visão por meio da remoção de cataratas. "Pense em como eles ficariam agradecidos", acrescentou.

A palavra "catarata" vem do grego *kataraktes*, que significa "queda-d'água" ou "grade levadiça" – uma barreira que baixa sobre a visão. As cataratas se desenvolvem por uma opacificação no cristalino, e vêm sendo tratadas cirurgicamente há pelo menos 2 mil anos. Instruções ou instrumentos para cortar a córnea e deslocar o cristalino anuviado para fora da linha da visão foram desenterrados por arqueólogos e historiadores na Índia, na China e na Grécia. A remoção do cristalino restaura apenas um tipo de visão parcial, embaçada, mas no século XVII esse deslocamento do cristalino havia se tornado uma operação bastante comum no Ocidente. Em 1722 um francês chamado St. Yves conseguiu remover completamente a catarata, em vez de simplesmente deslocá-la mais para o fundo do globo ocular. Foram necessárias apenas algumas pequenas modificações para desenvolver a cirurgia de catarata que conhecemos hoje.

Antigamente a operação exigia um extraordinário autocontrole da parte do paciente, que tinha de manter a cabeça e o olho imóveis enquanto sentia uma dor terrível, lacerante, quando o globo do olho era aberto e o cristalino cortado fora. Graças aos colírios anestésicos e aos agentes paralisantes isso não é mais necessário; quando fui observar um colega realizar uma cirurgia de catarata, vi a paciente confortavelmente deitada de costas, olhando para as luzes da sala de cirurgia no alto como se olhasse para estrelas. "O que está vendo?", perguntei-lhe quando ela se preparava para ter o olho aberto. "Apenas padrões", respondeu, "apenas luz e sombra que se movem. É bastante bonito."

Depois de anestesiar o olho com um colírio, meu colega colocou pequenos retratores de arame arredondado sob as pálpebras para forçá-las a se manter abertas. Os oftalmologistas têm de estar entre os mais hábeis dos cirurgiões – mãos trêmulas não podem efetuar os movimentos sutis requeridos para manipular o cristalino. Uma pequenina faca, com o formato de uma espátula e apenas uns dois milímetros de largura, fez um corte na borda da córnea, depois o espaço entre a córnea e o cristalino foi banhado com um fluido gelatinoso sintético para manter a pressão. Outro corte foi feito em outro ponto da circunferência da córnea a fim de introduzir um instrumento para manipular a catarata. Em seguida, um "facoemulsificador" foi inserido na primeira incisão: ele pulsou jatos de fluido para dentro e para fora 40 mil vezes por segundo. O choque vibrante desse fluido quebrou a "grade" da catarata, ao mesmo tempo que sugava os detritos. Pequeninos pedaços do córtex da lente remanescente foram aspirados, e o olho foi deixado sem cristalino por alguns momentos, enquanto o cirurgião preparava sua substituição.

Cristalinos artificiais podem ser personalizados segundo a prescrição óptica do paciente; este pode despertar não só com a visão restaurada, mas com pouca necessidade de óculos. Os cristalinos são de silicone ou acrílico fino e flexível,* mantidos no lugar atrás da íris com pequenos suportes que eliminam a necessidade de suturas. O cirurgião dobrou o novo cristalino maleável ao meio, como se enrolasse uma pizza calzone, e o inseriu através de uma das incisões. Depois que ele estava no lugar, liberou seu controle sobre o fórceps, e os suportes se posicionaram de imediato. A catarata fora removida, o cristalino, substituído. Todo o procedimento demandara apenas seis ou sete minutos. A incisão era tão pequena que não havia necessidade de ponto para fechá-la.

Para Borges, a visão foi uma bênção passageira: ele sempre soube que um dia lhe seria retirada; quando ela se foi, ele se voltou para a literatura como consolo. Nunca saberemos que revoluções ele poderia ter descrito para nós se sua visão tivesse sido restaurada.

Muitas vezes perguntei a meus pacientes como era ter sua visão devolvida pela cirurgia de catarata: "adorável", "maravilhoso", "incrível", dizem eles com frequência; "as cores se tor-

* A utilidade do acrílico no olho foi descoberta durante a Segunda Guerra Mundial. Pilotos de Spitfire que eram abatidos muitas vezes acabavam com fragmentos de acrílico da cabina encravados no olho, e os cirurgiões notaram que isso não provocava reação inflamatória.

nam tão bonitas novamente". Querendo compreender melhor, recorri a um livro sobre o assunto, da autoria de John Berger, que teve sua catarata removida em 2010.[4]

Berger havia passado a vida pensando sobre a visão. Aqui está sua descrição a respeito de estar deitado na relva olhando para uma árvore, em um ensaio publicado em 1960, quando ele tinha 34 anos: "A imagem do padrão das folhas permanece por um momento antes de desaparecer pouco a pouco, impressa em sua retina, mas agora de um vermelho carregado, a cor do mais escuro rododendro. Quando você reabre os olhos, a luz é tão brilhante que parece se quebrar em ondas contra você."[5] E isto é de um ensaio publicado em sua coletânea de 1980, *About Looking*: "Prateleira de um campo, verde, ao alcance da mão, o capim ainda baixo, empapelada com céu azul através do qual o amarelo floresceu para criar puro verde, a cor superficial do que a bacia do mundo contém."[6] Em 1972 ele tinha colaborado com quatro outros autores – Sven Blomberg, Chris Fox, Michael Dibb e Richard Hollis – para produzir um novo tipo de livro, uma extraordinária fusão de literatura e arte visual, *Ways of Seeing*. O objetivo de Berger era desafiar a percepção que seus leitores tinham das imagens que nos rodeiam: uma obra seminal que redefiniu a crítica de arte.

Meu exemplar de *Cataract* de Berger tem a famosa máxima de William Blake impressa na quarta capa: "Se as portas da percepção estivessem limpas, tudo apareceria ao homem tal como é, infinito."* Uma das primeiras mudanças que o autor

---

* Aldous Huxley reutilizou esta frase em seu *As portas da percepção. Sem olhos em Gaza* tomou emprestado o título do drama de Milton, *Sansão agonista*, escrito vinte anos depois que Milton perdeu a visão.

nota após sua cirurgia é o frescor de tudo, o caráter primevo que foi conferido ao mundo, como se todas as suas superfícies tivessem sido orvalhadas de luz. A segunda é quanto azul existe, mesmo em cores como magenta, cinza e verde – azul que até aquele momento fora defletido pelas opacidades no cristalino. Esse azul restaura seu senso de distância, "como se o céu se lembrasse de seu encontro marcado com as outras cores da Terra", e assim como um quilômetro fora alongado, também um centímetro se alongara. Como um peixe está em seu elemento imerso na água, ele percebe que, como seres humanos, estamos imersos no elemento da luz. E compara as cataratas ao esquecimento e sua remoção a uma espécie de "renascimento visual" que o leva de volta às primeiras cores que registrou quando criança. Os brancos lhe parecem mais puros, os pretos mais densos, sua natureza essencial renascida mediante um batismo de luz.

As palavras no ensaio de Berger são acompanhadas por cartuns desenhados pelo ilustrador turco Selçuk Demirel. A imagem para acompanhar a penúltima página é a de um casal parado lado a lado, com os braços em volta dos ombros um do outro, contemplando o céu noturno, enquanto a figura mais alta aponta para uma estrela ou um planeta. Mas as cabeças das duas figuras foram desenhadas como globos oculares, assim como os corpos celestes que pairam sobre eles – o Sol e as estrelas que geram luz se metamorfosearam nos órgãos para recebê-la. Como as grandes esferas de Borges, eles olham para as figuras na Terra lá embaixo, pelas profundezas do espaço afora, ou até mais adiante, para a literatura infinita que todos ainda temos para explorar.

Uma primavera, fui convidado por Berger para ir à sua casa na França. Eu lhe escrevera para perguntar sobre um livro que ele lançou nos anos 1960, *A Fortunate Man: The Story of a Country Doctor*, sobre sua perspectiva singular a respeito da visão. Quando nos encontramos, debatemos luz e escuridão, falta de visão e visão, e como Borges se sentiu simultaneamente liberado e aprisionado em sua cegueira.

Ele mencionou o episódio, narrado em seu livro *Here is Where We Meet*, em que descreve uma visita ao túmulo de Borges em Genebra. Borges foi levado a Genebra quando adolescente por seu pai, atraído para a cidade pela fama de seus oftalmologistas. Era 1914, e, quando a guerra tomou conta da Europa, a família ficou presa. O jovem Borges passou a amar Genebra e, segundo uma história contada por Berger, perdeu a virgindade ali com uma prostituta (ele suspeitava de que seu pai fosse mais um dos clientes dela). Em 1986 ele retornou à cidade para morrer. Sua companheira nessa viagem final foi Maria Kodama, sua nova esposa e uma das jovens que lhe haviam segurado o braço e o ajudado a se conduzir às cegas pelo labirinto de livros da Biblioteca Nacional de Buenos Aires. A lápide onde Berger foi prestar seus respeitos havia sido escolhida por Kodama. Era profundamente gravada com um verso do poema anglo-saxão *A Batalha de Maldon*: *"And Ne Forthtedon Na"*, "Não tenha medo". O texto se curvava sob um relevo, copiado da lápide de Lindisfarne, de guerreiros nórdicos chegando pelo mar. No lado reverso havia uma frase em nórdico antigo de uma das sagas favoritas do casal, a *Saga dos Volsungos*, que os dois um dia haviam traduzido juntos: "Ele toma a espada Gram e a pousa nua entre eles."

Berger encontrou o túmulo adornado não com flores, mas com uma planta numa cesta de vime. Identificou-a como um buxo: "Nas aldeias da Haute-Savoie", explica no livro, "mergulha-se um ramo dessa planta em água benta para borrifar bênçãos pela última vez sobre o cadáver do ente querido estendido no leito."

Após prestar seus respeitos, Berger deu-se conta de que não tinha nenhuma flor ou planta para deixar à beira do túmulo, assim, ofereceu em vez disso um dos poemas do próprio Borges sobre flor: "Rosa profunda, ilimitada, íntima/ Que o Senhor mostrará a meus olhos mortos." Borges conheceu tanto a luz quanto a escuridão, a cegueira e a visão, e sabia que há outras maneiras de se conectar com o infinito além da visão.

4. Face: bela paralisia

"Ele vê a beleza de um rosto humano e procura a causa dessa beleza, que deve ser mais bela."

RALPH WALDO EMERSON, *Montaigne*

QUANDO APRENDI ANATOMIA FACIAL como estudante de medicina, a maior parte dos cadáveres que dissecávamos era de velhos com pele facial grossa, endurecida pela barba espetada. Seus rostos podiam ser rijos como couro, mas os músculos que se encontravam imediatamente abaixo dessa pele eram frágeis: delicadas frondes rosa-salmão entretecidas à gordura subcutânea amanteigada. Ao tentar demonstrar os músculos que dão expressão a nossos rostos, eu tinha de proceder com cuidado; um escorregão do bisturi, e eles seriam arrancados junto com a pele.

Havia diferenças entre os cadáveres. Embora a morte tivesse relaxado suas expressões, o desenvolvimento de seus músculos faciais sugeria algo da atitude de cada indivíduo quando vivo. Os músculos com a maior variação eram o *zigomático maior* e o *menor*, cuja função é estender os cantos de nossa boca para um sorriso. Algumas vezes eles eram grossos e bem definidos, sugerindo uma vida cheia de riso. Outras vezes, o zigomático estava atrofiado em pequenas cordas murchas, sugerindo anos de sofrimento. Ocasionalmente um lado estava bem desenvolvido e o outro não, indicando sobrevivência após um derrame cerebral, ou talvez paralisia de Bell – a paralisia de apenas um lado da face em decorrência de um nervo danificado.

Outros músculos podiam dar pistas sobre a atitude de cada pessoa quando viva: um *corrugador do supercílio* incomumente bem desenvolvido fazia pensar numa testa perenemente irritada, franzida – de onde veio a palavra *supercilioso. O levantador do lábio superior e da asa do nariz* – nome extraordinariamente longo para um pequenino músculo – faz exatamente o que diz: levanta o lábio superior e a asa do nariz num rosnado. As fibras concêntricas do músculo *orbicular do olho*, arranjadas como os anéis de Saturno em volta de cada olho, são necessárias não apenas para ações como piscar, que protegem a superfície do olho, mas, quando contraídas com mais força, nos ajudam a apertar os olhos contra a luz solar. Elas contribuem também para os "pés de galinha" nos ângulos de nossas pálpebras. É pelas variações no modo como esse músculo funciona que algumas pessoas só conseguem piscar com ambos os olhos, enquanto outras piscam com apenas um. Fibras do músculo *frontal* elevam as sobrancelhas em horror ou consternação e são a causa da pauta de linhas que com tanta frequência vinca a testa. O *orbicular da boca* franze os lábios para um beijo, ao passo que o *depressor do ângulo da boca*, sob cada canto da boca, puxa o lábio para baixo, numa careta. Às vezes eu encontrava um cadáver cujos músculos denotativos de cara amarrada haviam se desenvolvido até um grau deprimente.

Mais tarde, quando me tornei demonstrador de anatomia, uma de minhas funções era revelar esses músculos para ajudar os estudantes a compreender a maneira como o derrame ou

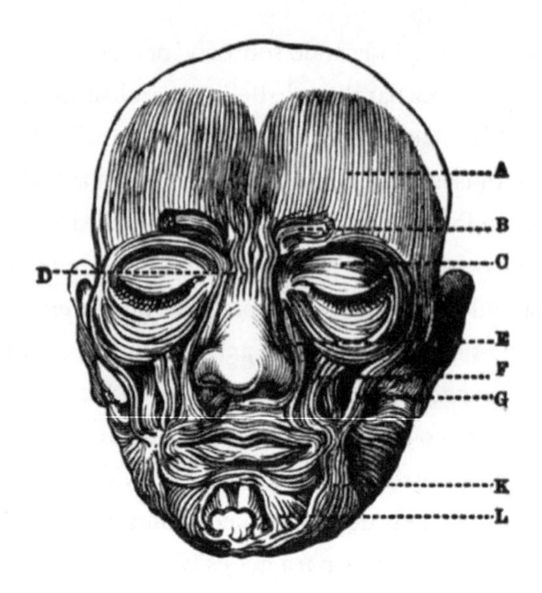

a paralisia podem afetar a face, bem como dar noções básicas para aqueles que um dia aplicariam injeções de Botox, realizariam cirurgia plástica facial ou cirurgia reconstrutiva facial. Ao todo devo ter dissecado algo entre vinte e trinta faces humanas, mas nunca perdi a consciência do privilégio que isso proporcionava. Expor cada camada da face era um processo de revelação gradual, viajando da pele, tão reminiscente da vida, para o crânio, tão emblemático da morte. A própria fragilidade dos músculos faciais impunha um nível de ternura e respeito.

No final do século XV, Leonardo da Vinci, filho bastardo de um advogado florentino, morava em Milão e pensava sobre a expressão facial talvez de modo mais atento que qualquer pessoa antes dele, e como poucos o fizeram desde então. Seus desenhos dos músculos da face não seriam superados durante séculos. Como pintor e desenhista, ele acreditava no rigor da representação e havia percebido que, para se destacar como retratista, tinha de compreender aqueles músculos intimamente. Também acreditava que os músculos estavam em comunicação direta com a alma, e que os movimentos da alma podiam ser compreendidos por meio de uma avaliação do corpo: "A articulação dos ossos obedece ao nervo, o nervo ao músculo, o músculo ao tendão e o tendão ao Senso Comum. E o Senso Comum é a sede da alma."[1]

Por volta de 1489 ele fazia esboços para uma estátua monumental do pai de seu patrono, Francesco Sforza,* bem como algumas anotações para um tratado anatômico. Sua ambição era de tão difícil execução quanto magnífica, e as anotações oferecem o vislumbre de uma mente que se agita de energia criativa e intelectual, possuída por uma vontade de compreender todos os aspectos do ser humano. Ele pretendia que seu tratado explicasse concepção, gestação, nascimento normal e prematuro, o desenvolvimento das crianças, a constituição normal e a fisionomia de homens e mulheres, além de fornecer uma completa exposição de veias, músculos e ossos. Depois ele delineou como as expressões cambiantes da face seriam a chave para a compreensão da condição humana. "Em seguida, em quatro desenhos, representarás as quatro condições universais do homem, isto é: alegria, com diferentes maneiras de rir, e desenharás a causa do riso; o pranto de diferentes maneiras, e sua causa; a luta, com os diferentes

---

* Sforza foi um dos mais renomados *condottieri* da Itália, uma espécie de comandante militar com um exército privado do tipo que infestava regularmente as cidades-Estado da Itália naquela época.

movimentos de matar; fuga, medo, ferocidade, audácia, assassinato..." Para Da Vinci, tabular as ações dos músculos expressando essas emoções era chegar perto de compreender a fonte divina das próprias emoções. Ele não estava interessado em retratar representações suaves de beleza; queria captar os rostos como eles são, como se movem, quer sejam feios, quer sejam bonitos. Se essas expressões fossem extremas, tanto melhor. Anatomizar era chegar mais perto de Deus: "E tu, homem, que testemunhas neste meu trabalho as maravilhosas obras da natureza, ... se essa composição lhe parecer um trabalho magnífico, deverias considerar isso como nada comparado à alma que reside dentro dessa arquitetura."[2]

Mais tarde, obras como a *Mona Lisa* (1503-4) mostram como Leonardo era sensível à sutileza da expressão facial. No início dos anos 1490 seu ateliê para explorar essas ideias era a parede do refeitório de um convento milanês em que pintava uma impressão de *A Última Ceia*. Outras Últimas Ceias do Renascimento tinham sido um tanto formais, mostrando os apóstolos jantando, sem expressão. Para demonstrar a maneira como a emoção anima a expressão, Da Vinci escolheu o momento da refeição da Páscoa, em que Cristo teria anunciado: "Um de vós me trairá."

Os apóstolos são surpreendidos na comoção que se seguiu – um drama de doze expressões para pôr em jogo: quatro grupos de três apóstolos cada um.* Leonardo pretendia

* O *Cenacolo* de Leonardo foi pintado numa parede úmida, e já estava em péssimo estado em meados do século XVI. Os estudiosos têm uma ideia do poder do original a partir de descrições grafadas, bem como da célebre cópia feita por volta de 1520 por Giampietrino, considerada pelos contemporâneos a mais precisa já produzida.

transmitir uma vasta gama de expressões faciais. Contudo, notável entre as treze figuras é Bartolomeu, o que se situa mais à esquerda do espectador, que se levanta de um salto, palmas das mãos sobre a mesa, e parece olhar furioso, cheio de incredulidade, franzindo as sobrancelhas de raiva. Santo André é o terceiro a partir da esquerda: suas mãos levantadas protestam inocência e suas sobrancelhas parecem se arquear de consternação.

Imediatamente à esquerda de Jesus, Tomás parece aturdido, distendendo os cantos da boca para baixo numa careta com o *depressor do ângulo da boca*, e apontando para o teto com o mesmo dedo com que, alguns dias mais tarde, incrédulo, estará sondando as chagas do Jesus ressurrecto. Um cataclismo de emoção se abateu sobre Tiago Maior, que está sentado ao lado de Cristo; ele abriu os braços numa fúria que lhe escureceu os olhos e vincou as sobrancelhas em farpas.

Já se disse que os modelos para a pintura foram membros da elite milanesa da época, mas não foi por sua fidelidade à história do Evangelho ou por sua série de retratos comemorativos que a pintura foi apreciada, mas pela maneira como ela usa a expressão facial como meio para que se penetre numa tempestade de emoções humanas. Giorgio Vasari, biógrafo e contemporâneo de Leonardo, contou que ele percorria as ruas seguindo homens particularmente feios, rostos contorcidos ou incomuns, na esperança de entrevê-los em momentos de expressão extrema. Por vezes seguia um rosto particularmente interessante até os arredores da cidade.

Leonardo esteve em Milão durante uma época de perturbação política; em 1499 teve de partir para escapar dos franceses que invadiram a cidade. Seguiu seus mecenas até Mântua, Veneza, Florença e Roma, mas, no inverno de 1510-11, estava de volta ao Norte, na universidade e escola de medicina de Pavia, pouco ao sul de Milão. Vinte anos depois de ter esboçado pela primeira vez seu tratado de anatomia, ele iniciou a sério a obra que havia imaginado de maneira tão ambiciosa.

Nos dias anteriores à refrigeração artificial, a dissecação era realizada somente no inverno – o calor do verão apodrecia os cadáveres depressa demais –, e em Pavia Leonardo tinha um pronto abastecimento de cadáveres provenientes do hospital, bem como um patrono disposto e empenhado: Marcantonio della Torre, o professor de anatomia local. Muitos dos esboços anatômicos completados em Pavia se perderam, contudo, pela pequena porção que sobreviveu, fica claro que Leonardo aplicou à tarefa visão, imaginação e estarrecedora habilidade tanto como anatomista quanto como desenhista. Ele estudava anatomia para apreciar o corpo tal como realmente é, e não como foi idealizado. De sua perspectiva, o corpo humano era a suprema culminação da criação de Deus.

Uma das folhas de anotação mostra os músculos da expressão facial em detalhe preciso, desenhados mais de quinze anos depois que ele havia reproduzido seus efeitos em *A Última Ceia*.[3] O músculo *frontal*, que mostrara vincando a testa de santo André, está marcado como "o músculo do medo". Ele havia pintado o nariz e a sobrancelha de Bartolomeu, Pedro e Tiago Maior rosnando de raiva, e aqui o músculo responsável por essa expressão, *o levantador do lábio superior e da asa do nariz*, está marcado como "o músculo da raiva". Nas anotações entre os esboços, ele escreveu: "Representar todas as causas de movimento feito pela pele e pelos músculos da face, e se esses músculos têm seu movimento a partir de nervos que vêm do cérebro ou não." Ele percebia que há dois grupos de músculos na face: aqueles usados para mastigar, que são grossos, fortes e movidos pelo quinto nervo a sair diretamente do cérebro, e aqueles usados para a expressão facial, que são mais sutis, mais frágeis e movidos pelo sétimo nervo oriundo do cérebro.*

O sétimo nervo é alinhado ao nervo da audição e do equilíbrio; ele penetra na caixa craniana atrás da orelha e sai pouco abaixo do lobo. Após passar pela maior glândula salivar, pouco atrás do ângulo do maxilar, ele se divide em cinco ramos e se irradia através da face até os músculos de expressão facial. Os cinco ramos denominam-se: temporal, zigomático, bucal, mandibular e cervical. Lembrar as localizações dos ramos nervosos é útil se a pessoa sofre um ferimento facial, mas é útil também para se compreender a maneira como a paralisia afeta a capacidade de expressar as emoções na face.

Conheci Emily Parkinson em minha clínica de emergência; ela havia telefonado apenas meia hora antes, de seu escritório no centro da cidade. Contadora com dois filhos pequenos e uma ativa vida profissional, após acordar naquela manhã ela descobrira que o lado esquerdo de seu rosto não estava funcionando apropriadamente. Depois de se levantar, fora ao banheiro e dera uma olhada em si mesma no espelho: sua pálpebra inferior esquerda estava ligeiramente bamba, e, quando ela tentava sorrir, o lado esquerdo estava mais flácido que o direito. Perguntou-se se não teria dormido de forma desajeitada sobre o rosto e desceu para preparar o café da manhã. "Olhe só", disse ao marido, "metade de meu rosto está adormecida."

---

* Esses são os nervos "cranianos" que saem de buracos no crânio, e não nervos "espinhais", que surgem entre as vértebras.

"Talvez você tenha pinçado um nervo", disse ele, e deu de ombros.

A caminho do trabalho Emily deu uma olhada no espelho do carro e percebeu que o problema não desaparecera; de fato, estava piorando. Quando chegou ao trabalho, sentia-se ansiosa – e mais ainda quando sua secretária a recebeu com um arquejo. "O que aconteceu com o seu rosto?", exclamou ela. "Você parece ter sofrido um derrame."

Emily tinha conseguido terminar sua maquiagem naquela manhã, mas uma persistente lágrima no canto do olho esquerdo borrara o rímel. No lado direito ela tinha uma profunda dobra entre o nariz e o canto da boca – resultado de músculos zigomáticos felizmente ativos puxando sua pele durante quarenta anos –, mas a dobra do lado esquerdo quase tinha desaparecido. Antes, suas covinhas eram como parênteses contendo tudo o que ela dizia. Ter uma covinha apenas de um lado lhe dava aparência inconclusa, agramatical.

Pedi-lhe que me mostrasse os dentes, e observei como o lado direito da boca se distendia para cima e para fora, aprofundando as linhas de sorriso, mas o lado esquerdo de seu rosto mal se moveu. As rugas no lado esquerdo haviam dasparecido em grande parte, mas esse lado estava inerte. Ela era incapaz de contorcer o olho esquerdo. O teste final foi lhe pedir para levantar as sobrancelhas: a sobrancelha direita saltou obsequiosamente, mas na esquerda houve apenas um leve tremor.

O músculo *frontal* é incomum: a maioria dos músculos do corpo é controlada pelo lado oposto do cérebro, de tal modo que o braço direito, por exemplo, é movido pelo hemisfério cerebral esquerdo. O *frontal* é a exceção: ambos os lados do cérebro podem operar o nervo de cada lado. Se um derrame nocauteia a função de um hemisfério, as vítimas continuam capazes de levantar as duas sobrancelhas, mas se um nervo de um dos lados deixa de funcionar, o músculo fica paralisado. O fato de o *frontal* esquerdo de Emily ter parado de se mover significava que ela não tinha sofrido um derrame cerebral.

"Então, se não sofri um derrame, o que há de errado comigo?", perguntou ela.

"Paralisia de Bell", falei, "um distúrbio no nervo que dá expressão a seu rosto. Quase certamente vai melhorar ao longo das próximas semanas." Fiz uma pausa, esperando tranquilizá-la. "Ninguém sabe com certeza por que a paralisia de Bell ocorre, mas o nervo que controla os músculos da sua face passa através de um túnel muito estreito do crânio, perto da sua orelha. Mesmo uma pequena inflamação nesse local faz pressão suficiente para impedi-lo de funcionar da forma apropriada."

"O que você pode fazer a esse respeito?"

"Vou lhe dar comprimidos de esteroides para tomar durante os próximos dez dias, a fim de reduzir qualquer inchação em volta do nervo, e deveríamos tapar seu olho esquerdo para protegê-lo."

"Para que você quer tapar meu olho?"

"Se a paralisia progredir muito", disse-lhe, "você não conseguirá piscar."

PERGUNTADO PARA QUE acreditava ter nascido, o filósofo grego Anaxágoras respondeu: "Para contemplar o céu e as estrelas." Essa era uma ideia comum no Renascimento, que a humanidade era especial por causa da maneira como nossos rostos se dirigem para o alto.* Os contornos do couro cabeludo emolduram e exageram nossas faces humanas nuas, tornando as expressões mais visíveis à distância do que teriam sido para nossos ancestrais de cara peluda. O branco de nossos olhos se expandiu em comparação aos de outros animais, a fim de tornar as mais sutis mudanças no olhar e na posição das pálpebras mais óbvias para os outros. Quando os rostos se exibem, prestamos mais atenção neles do que em qualquer outra parte do mundo visual. Descrições da face estão entre algumas das mais líricas e expressivas da literatura, desde "quando quarenta invernos assediarem tua fronte/ e cavarem profundas trincheiras no campo da tua beleza",[4] de Shakespeare, até a maneira como Iain Sinclair descreveu o rosto de um personagem mostrando-o "enrugado como uma almofada para hemorroidas deixada no banho por tempo longo demais".[5] Dada a importância da face para a comunicação humana, ter paralisia de Bell pode ser mais que embaraçoso – para alguns, é socialmente devastador.

A paralisia toma seu nome de Charles Bell, cirurgião e anatomista do início do século XIX que rastreou a rota do sétimo nervo. Bell provinha de uma eminente família de Edimburgo: seu pai havia sido clérigo, dois de seus irmãos tornaram-se professores de direito, e outro irmão – John Bell – era o mais famoso cirurgião da cidade em sua época. Charles detestava a escola, mas gostava de pintar, e sua mãe contratou um professor particular que ensinou o menino a imitar os melhores artistas clássicos e renascentistas.[6]

---

* Sir Thomas Browne mostrou que isso é absurdo – o humilde linguado tem os olhos dirigidos ainda mais piedosamente para o céu que os seres humanos.

Em 1792, quando tinha dezoito anos, Charles era aprendiz do irmão John. As ilustrações anatômicas de seus contemporâneos eram malfeitas, em sua maior parte; Bell escreveu depreciativamente sobre os ossos desenhados como mourões de cerca e os músculos, como trapos. Charles e John trabalharam juntos em ilustrações para um novo "sistema de dissecações", imprimindo no trabalho um tributo aos mestres do Renascimento, os quais Charles aprendera a imitar.[7]

Em 1809, no auge das Guerras Napoleônicas, Bell era cirurgião e ilustrador anatômico em Londres quando o Exército britânico, com 5 mil homens feridos, voltou de La Coruña, na Espanha, para a Inglaterra. Ele viajou até Portsmouth para ajudar os sobreviventes, e passava dias amputando membros, retirando estilhaços, cortando tecido morto dos ferimentos. Quando não estava operando, desenhava, e seus cadernos imperturbavelmente precisos mostram figuras se contorcendo nas agonias do tétano, com o abdome sangrando, bem como com ferimentos a bala no braço, peito e escroto.

Seis anos depois, notícias da Batalha de Waterloo chegaram a Londres, e Bell viajou a Bruxelas para ajudar. "É impossível transmitir-lhe a imagem de sofrimento humano que está continuamente diante de meus olhos", escreveu ele. Os esboços que fez são mais detalhados e comoventes, como se ele tivesse se tornado emocionalmente mais afetado pelo conflito;[8] os retratos dos soldados são fornecidos com nomes, e explicações mais elaboradas são proporcionadas. Dos 45 desenhos que sobrevivem, há duas imagens notáveis de rostos; indivíduos que Bell deve ter examinado cuidadosamente investigando o dano nervoso à face, e cuja expressão fora afetada pelos ferimentos. Uma delas mostra um soldado que havia sido atingido entre as têmporas por uma bala de mosquete que lhe estilhaçou ambas as órbitas e destruiu o tecido por trás da ponte do nariz. A outra mostra um homem com um ferimento de bala na bochecha esquerda. Sem cuidadosa atenção cirúrgica, ambos os ferimentos seriam mortais, e, mesmo com isso, os homens iriam carregar estigmas de desfiguração pelo resto da vida.

Encaminhei Emily para os especialistas em otorrinolaringologia, os quais confirmaram que, no momento, os comprimidos de esteroides eram o único tratamento que podiam oferecer. Uma semana depois a paralisia havia se agravado, e ela se sentia mais constrangida. "É tão embaraçoso", disse, quando a chamei para ver como estava enfrentando a situação. Seus dedos adejavam em torno do rosto e a todo momento empurravam o cabelo para a frente enquanto conversávamos. "Não voltei ao trabalho, e meu olho esquerdo chora constantemente. É como se eu estivesse pranteando a perda do meu rosto."

Duas semanas depois não havia nenhuma deterioração adicional, mas as coisas não haviam melhorado – ela ainda se sentia incapaz de voltar ao trabalho. "Eu não poderia suportar", explicou, "todos ficariam olhando para mim." Na sexta semana ela achou que um movimento de tremor voltara ao canto da boca. "Estou certamente babando menos", disse-me, "mas as lágrimas ainda estão aí." "Dê um tempo", falei. "Quase todo mundo com paralisia de Bell passa por uma completa recuperação."

Três meses depois a recuperação parecia ter estancado, e seis meses mais tarde admitimos que era pouco provável que a paralisia melhorasse. Emily não voltara ao trabalho e raramente saía de casa. Havia também adotado um penteado em que o cabelo caía como uma cortina sobre o lado esquerdo do rosto. "Não suporto isso", disse-me, "meu rosto assusta as crianças."

"Vou conversar com os cirurgiões plásticos", respondi. "Talvez eles possam apertar alguns desses músculos mais frouxos no lado afetado, e – você mencionou Botox – às vezes eles utilizam isso para esticar o lado bom."

"Então, para tratar minha paralisia, eles vão paralisar meu rosto?"

Eu não sabia ao certo se seriam capazes de tratar a paralisia de Emily – é difícil fazer um nervo danificado voltar a funcionar. Mas em termos de normalização da aparência, o tratamento mais eficiente consiste muitas vezes em usar Botox para paralisar parcialmente o lado bom. "Sim", falei, "sei que soa estranho, mas irão usá-lo para tornar sua face mais simétrica."

BELL TINHA A AMBIÇÃO de atingir renome como cirurgião – os desenhos anatômicos do sistema nervoso que fez não tinham paralelo em seu tempo –, mas era a perfeição de sua arte que o preocupava. Muito antes de Waterloo, enquanto fazia desenhos para o *System of Dissections*, ele iniciou um prolongado estudo da expressão humana – projeto semelhante ao de Leonardo da Vinci três séculos antes. A obra foi publicada mais tarde como *Essays on the Anatomy of the Expression in Painting*.[9] O livro foi trabalhado e retrabalhado ao longo de toda a sua vida, os ensaios ganharam acréscimos à medida que Bell adquiria experiência como cirurgião e como artista. A edição final foi enriquecida com reflexões feitas a partir de um longo período sabático na Itália, onde ele admirou em particular as representações da face feitas por Leonardo. Da Vinci fora obrigado a percorrer as ruas procurando rostos incomuns ou impressionantes para pintar. Para Bell, as coisas foram mais fáceis: bastava esperar na clínica, e esses rostos chegavam a ele.

Trinta anos depois da morte de Charles Bell, outro ex-estudante de medicina de Edimburgo, Charles Darwin, foi suficientemente inspirado pelo trabalho de seu antecessor para retomar a matéria onde ele a deixara. Em *A expressão das emoções no homem e nos animais*, Darwin escreveu: "Pode-se dizer com justiça que [Bell] não somente lançou os fundamentos da matéria como um ramo da ciência, mas construiu uma nobre estrutura."[10] Darwin era um observador tanto do mundo natural quanto do mundo cultural, e menos apaixonado que Bell pelas obras-primas da arte ocidental, particularmente no que dizia respeito ao estudo da expressão. "Eu havia esperado obter grande ajuda dos maiores mestres da pintura e da escultura, que são observadores tão atentos", escreveu ele na Introdução, "mas, com poucas exceções, não me beneficiei dessa maneira. A razão, sem dúvida, é que nas obras de arte a beleza é o principal objetivo; e músculos faciais fortemente contraídos destroem a beleza." Ele tinha deparado com um paradoxo: precisamos de músculos faciais para nos expressar, mas tradicionalmente idealizamos rostos simétricos, desprovidos de emoção.

Um dos poucos artistas que Darwin distinguiu como louvável foi Leonardo da Vinci, por sua evidente crença de que a beleza reside também em extremos de expressão, e não apenas na neutralidade. Darwin dedica uma passagem de *A expressão das emoções* aos gestos retratados em *A Última Ceia*, meditando em particular sobre a atitude do apóstolo André. Segundo as máximas de Da Vinci, era possível chegar à grande arte através de uma demonstração de contrastes: "Sua pintura se provará mais agradável tendo o feio justaposto ao belo, o velho ao jovem, o forte ao fraco."[11] Que teria Leonardo feito de um rosto com paralisia de Bell, no qual debilidade e força, feiura e beleza, juventude e velhice são postas lado a lado?

EMILY TINHA SEGURO de saúde no seu emprego. A clínica de cirurgia plástica para a qual a enviei era dispendiosamente acarpetada, com sofás de couro na sala de espera e revistas de celebridades sobre a mesa. Na parede via-se uma das propagandas da clínica projetada como a capa da *Vogue* ou da *Cosmopolitan*: "seios siliconados" e "barrigas esticadas" tomavam o lugar das matérias de destaque.

"O consultório era bonito", contou ela rindo quando me falou sobre ele. "Era maior que seu prédio inteiro!" O cirurgião a deitou numa mesa de exame e limpou-lhe os cantos dos olhos, as bochechas e os ângulos da boca com um chumaço de algodão embebido em álcool. Em seguida ele encheu uma pequena seringa com a solução de um frasquinho. "Disse-me que seria quase indolor, e foi", disse Emily, "a agulha era minúscula." Ele injetou a solução em vários pontos do lado direito de sua face, concentrando-se em paralisar partes de seus músculos *zigomático* e *orbicular do olho*, bem como os músculos do medo e da raiva de Leonardo. "A paralisia dessas injeções será eficiente por quatro ou cinco meses", disse ele. "E depois, se isso lhe parecer útil, você pode voltar para receber outras."

"E então, foi útil?", perguntei-lhe.

"Veja por você mesmo." Ela puxou a cortina de cabelo sobre o lado esquerdo do rosto e olhou diretamente para mim. A assimetria ainda estava lá, mas era muito menos óbvia. "Quando sorrio agora o lado direito não puxa tanto para cima e para fora", ela condescendeu em me dar um sorriso , "por isso meu rosto continua mais neutro. Isso me tirou anos."

"E você ainda assusta as crianças?"

"Não, nada disso", ela riu. "Estou encantada – até voltei ao trabalho."

Como estudante e instrutor, eu tinha examinado a face dos homens e mulheres que dissequei com cuidado, procurando pistas sobre suas vidas passadas. Ora, eu apliquei de maneira mais cuidadosa a meus pacientes na clínica o exame minucioso que tinha feito naqueles cadáveres. Quando encontrava pessoas que tinham desenvolvido linhas entre as sobrancelhas cedo demais, começava a questionar a razão disso. Tentava distinguir os que eram irritadiços ou desconfiados dos que estavam simplesmente receosos ou se sentindo vulneráveis, os que eram ansiosos dos que eram angustiados. Ao encontrar alguém com uma face aberta, contente, começava a perguntar qual o segredo de sua felicidade. E percebi que, quando minha própria expressão mostrava irritação ou impaciência, relaxar meu rosto fazia com que me sentisse e atendesse melhor.

Em sua obra sobre expressão facial, Darwin escreveu: "Aquele que se entrega a gestos violentos aumentará sua raiva; aquele que não controla os sinais de medo experimentará medo em maior grau." Essa ideia, de que a adoção de expressões faciais raivosas ou amedrontadas pode realmente *induzir* sentimentos de raiva e medo, foi confirmada por pesquisa psicológica.[12] A simples contração do "músculo da raiva" de Leonardo, ou de seu "músculo do medo", pode nos deixar mais raivosos ou amedrontados. Eu suspeitava que o inverso talvez fosse verdadeiro, que evitar expressões de medo ou raiva poderia realmente diminuir a experiência dessas emoções.

Alguns meses depois Emily foi à clínica de novo, mas dessa vez por causa de um ferimento no joelho, e não por alguma coisa relacionada a seu rosto. Notei que a obviedade de sua paralisia voltara: ela devia ter decidido não fazer novas aplicações de Botox. Quando acabei de examinar o joelho, perguntei-lhe por quê.

"Então você notou", disse ela, empurrando a franja para trás, a fim de me mostrar o rosto. O profundo sulco de suas linhas de sorriso estava de volta do lado direito, assim como os pés de galinha em torno do ângulo de um olho, e os sulcos na metade direita de sua testa.

"Você se cansou das injeções?"

"Não exatamente isso, mas... Meus sentimentos são mais reais quando posso mostrá-los", disse ela, "não quero atravessar a vida usando uma máscara."

5. Orelha interna: vodu e vertigem

> "Pois o vórtice desintegra o pesado e o leve, quando deveriam estar juntos … Inclinar-se causa tonteira pela mesma razão, pois separa o pesado e o leve."
>
> Teofrasto, *Sobre a vertigem*

Dirigir uma motocicleta pertence a uma categoria à parte de dirigir um carro ou mesmo uma bicicleta. Sou um motorista vagaroso, hesitante em velocidades acima de cem quilômetros por hora, mas mesmo assim há prazer não apenas na rapidez incomum do movimento, na facilidade com que a moto se inclina para fazer uma curva e dela emerge, mas também na mistura de tantas informações sensoriais, as espaciais e as visuais. Você se torna um só com a motocicleta, coisa que é impossível no carro e desnecessária na bicicleta.

Certa vez eu andava de moto por uma estradinha rural, atrasado para um encontro. Uma floresta flanqueava a estrada, seus galhos formavam um dossel escuro no alto. Eu menos dirigia que pairava através de um túnel formado de verde, a música tocava pelos headphones no capacete, a estrada se desenrolava à minha frente. O ar parecia líquido enquanto eu me inclinava para a esquerda e a direita nas curvas, apreciando, em meu senso de equilíbrio e no peso que se deslocava pelos meus músculos e articulações, como meu corpo e a moto venciam a estrada.

Através de uma abertura nas árvores vislumbrei o parapeito de pedra de uma ponte: a estrada estava prestes a fazer uma curva fechada. Desacelerei a moto para a curva, notando um verniz verde superficial – musgo sobre o asfalto – onde a estrada emergia na luz do sol. Abruptamente o mundo inteiro se deslocou para o lado: a roda traseira havia atingido o musgo e derrapado.

Eu me aproximava do parapeito a mais de sessenta por hora, descontrolado. Frear com força agravaria a derrapagem, mas a parede de pedra estava a trinta metros de distância, depois vinte, quinze, eu deslizei para fora da curva ligeiramente convexa da estrada e avancei aos trambolhões pelo cascalho. Tentava manter os olhos fixos na beira da estrada, e não no rio e suas grandes pedras lá embaixo, quando a roda traseira conseguiu se agarrar, e, com uma oscilação e uma guinada, aproximei-me da margem da estrada e peguei o asfalto, para depois me desviar sobre a ponte.

"O mundo inteiro se deslocou para o lado", foi a minha impressão: uma derrapagem momentânea, superada em um segundo, mal digna de nota. Mas, não fosse pela eficiência e precisão de meu senso de equilíbrio, eu teria morrido.

Ao dirigir por aquela estrada rural, quando a roda traseira da motocicleta iniciou o deslizamento lateral, dois eventos tinham ocorrido dentro do meu crânio, atrás da orelha. O deslizamento da moto me inclinou em direção ao chão, fazendo minha cabeça pender na mais sutil das rotações angulares – movimento captado pelo giro de fluido através dos canais semicirculares dentro de minha orelha interna. Ao mesmo tempo a guinada para o lado foi sentida por uma parte correlata, na base do canal, o "utrículo", onde células ciliadas sensíveis, conectadas ao cérebro, estão embutidas num fluido gelatinoso que contém partículas de material calcário. O calcário dá massa e inércia ao fluido gelatinoso, assim, quando meu crânio fez uma aceleração derrapante para o lado, o fluido repuxou os pelos. O utrículo transmite aceleração no plano horizontal: para o lado ou para a frente/para trás. Outra parte da orelha interna, o "sáculo", sente a aceleração no plano vertical.*

Assim como a necessidade que tem o mamífero de fluido amniótico no útero é um eco de um tempo em que todos os seres pariam no mar, os fluidos dentro da orelha interna são um lembrete de que outrora os órgãos do equilíbrio dos nossos ancestrais eram simplesmente tubos abertos para a água do mar.** Quando eles se revolviam e se inclinavam nas três dimensões, o livre fluxo de água do mar através desses tubos transmitia seu movimento ao cérebro. Embora esteja excluído dos usuais cinco sentidos, o equilíbrio é um de nossos sentidos mais antigos: uma âncora de mar portátil que nos atraca no mundo.

A palavra "vertigem" muitas vezes é usada para descrever medo de altura, mas, para os médicos, vertigem é a sensação de tonteira nauseante que ocorre quando nossos órgãos do equilíbrio e nossos olhos emitem mensagens conflitantes sobre

---

* Desde 2010 muitos smartphones incorporaram um giroscópio e um acelerômetro, construídos com nanotecnologia. Modelados como a orelha, eles orientam nossos telefones no espaço.

** Alguns peixes não podem gerar seu próprio material calcário para essa finalidade, porém, como seus ouvidos internos ainda estão abertos para o mar, eles usam fragmentos de areia que aí penetram, vindo de fora.

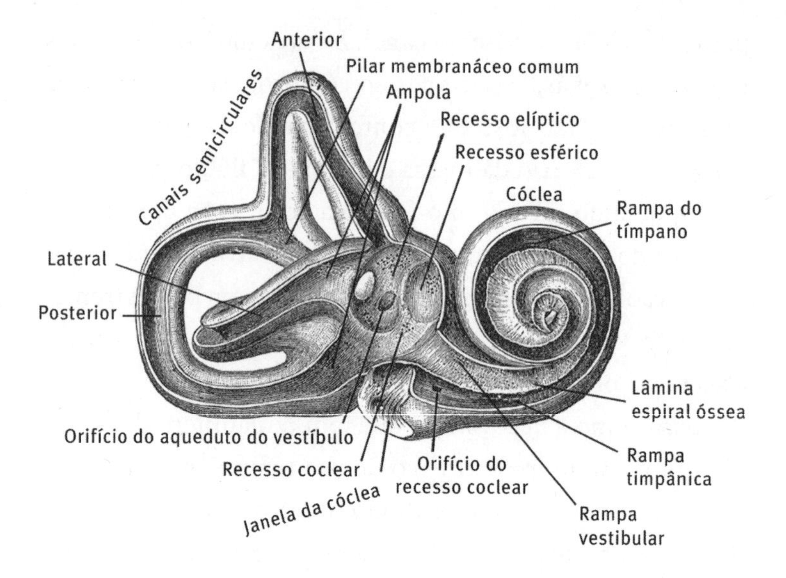

nosso estado de movimento. Ela está relacionada ao enjoo causado pelo balanço do mar, outro resultado de informações sensoriais conflitantes. Quando você está no fundo de um barco, em meio a uma tempestade, sua orelha interna diz que você está se movendo, mas seus olhos afirmam que não. A sensação de vertigem pode ser igualmente nauseante, causada ou por uma orelha interna doente que insiste em que você está imóvel quando seus olhos atestam outra coisa, ou vice-versa: seus olhos insistem em que você está imóvel enquanto a orelha interna diz ao seu cérebro que está girando.

De todos os sofrimentos que nossos corpos nos infligem, a náusea pode ser o mais duro de suportar e um dos mais difíceis de tratar com remédios. Como sensação, ela surge numa parte muito primitiva do cérebro, próxima da medula espinhal, sugerindo que poderia ser uma maneira muito antiga de alertar o corpo acerca da toxicidade. O fato de a vertigem causar náusea provavelmente significa que o cérebro interpreta a disfunção do equilíbrio como envenenamento. Ela pode ser causada por infecções na orelha interna, por tumores e até por lavagem do tímpano com água morna, e nos faz ter ânsia de vômito para nos livrarmos de um veneno. Mas a vertigem e o enjoo causados pelo balanço do mar não podem ser ejetados pela boca.

John Wirvell estava beirando os sessenta anos. Tinha um bigode grisalho como o pelo de um coelho velho, manchado de nicotina, e sua testa era vincada de preocupação. Fios dourados e prateados ressaltavam de suas sobrancelhas e lhe davam uma expressão sobressaltada. Pelo prontuário, vi que era motorista de táxi, divorciado, pai de dois filhos crescidos e beberrão intermitente. Tínhamos nos encontrado apenas uma vez, e ele me deu a impressão de ser um homem um pouco estoico, orgulhoso e independente, que tratava os médicos com cautela.

"Sem querer ofender", disse-me ele no consultório, "mas realmente não vou a médico."

"Fico feliz em sabê-lo", respondi. "Se não houver nada de errado, por que deveria ir?"

Por isso, foi inesperado quando, cerca de um ano mais tarde, ele solicitou uma visita em casa, porque, como disse à recepcionista, fora acometido de ataques de náusea e vertigem. Os ataques eram tão graves que ele estava com medo de sair de casa. Perguntei a mim mesmo se teria tido um derrame cerebral e telefonei antes de visitá-lo, para ver se deveria mandar uma ambulância. "Os braços e as pernas ainda estão funcionando, doutor", disse-me ele pelo telefone. "Só não consigo virar a cabeça."

Quando cheguei ele estava deitado em seu sofá, perfeitamente imóvel. "Cem vezes por dia a sala gira. Tenho vontade de pôr as tripas para fora e mal consigo me mover", explicou. "Faz dois dias que isso está me atacando. Quando vem, tenho só que me deitar aqui, rezando para que passe."

Agachei-me ao lado dele. "O que provoca isso?"

"Pode ser qualquer coisa. Às vezes apenas olhar sobre meu ombro desencadeia tudo. Às vezes basta me virar na cama. Só o ato de eu me inclinar para a frente pode provocar isso."

Episódios de pressão sanguínea baixa algumas vezes podem causar tonteira, mas a de Wirvell estava ligeiramente elevada. Álcool pode causar vertigem, mas ele não estava bebendo. Perguntei-lhe sobre outros fatores desencadeantes, mas ele não sofrera nenhum ferimento na cabeça, infecção recente, nem começara a tomar algum novo medicamento.

"É sempre quando se vira na mesma direção?", perguntei-lhe.

"É", ele levantou os olhos para mim. "Piora se olho para baixo e para a direita."

Quando ocorre apenas em certas posições, a vertigem é definida, de forma conveniente, como "posicional". Quando ocorre em acessos súbitos e avassaladores é chamada "paroxística". A distinção final que um especialista em ouvido quer fazer é entre a doença produzida por algo maligno e progressivo e a doença causada por algo benigno e basicamente autolimitante. A doença de John estava quase certamente entre estas últimas, de modo que, no jargão evasivo mas impecavelmente descritivo da otorrinolaringologia, ele tinha "vertigem posicional paroxística benigna", ou VPPB. Embora se trate de uma síndrome antiga,* ela só foi descrita em 1921, quando um médico vienense chamado Robert Bárány finalmente definiu a "vertigem episódica" como síndrome.

Costumava-se pensar que na VPPB os grãos calcários do utrículo e do sáculo ficavam ligados à membrana errada: a cúpula, que se estende através da base dos canais do equilíbrio. Acreditava-se que os próprios grãos distorciam a forma da cúpula, enviando mensagens confusas para o cérebro sobre a direção do movimento da cabeça. O tratamento concentrava-se na repetição dos movimentos que provocavam náusea até que o paciente ficasse insensível a eles, o que por vezes podia funcionar. Em casos severos, recorrentes, o crânio era aberto e parte do nervo que leva à orelha interna era cortado, o que implicava risco de surdez. Soa drástico, mas pacientes afetados por ondas recorrentes de náusea e desorientação frequentemente ficavam agradecidos por isso.

Nos anos 1980, outra teoria foi proposta, formulada por um otorrinolaringologista americano chamado John Epley.** Epley acreditava que a VPPB era causada não pela adesão de partículas calcárias às membranas erradas, mas por partículas que se desprendiam e rolavam pelos canais semicirculares, suscitando redemoinhos que eram percebidos pelo cérebro como movimento. Fabricando um modelo de ouvido interno com pedaços de mangueira, em sua garagem, ele a enrolou em diferentes sequências, esperando encontrar uma maneira de desalojar as partículas e guiá-las para fora dos canais rumo

* Hipócrates disse que ela ocorria por culpa de um vento sul: *Aforismos 3:17*.

** Nos anos 1960, Epley estivera envolvido na experimentação dos primeiros implantes cocleares.

a uma parte menos sensível do órgão. Usando essa tecnologia singela, descobriu uma série de movimentos simples que podiam ser executados na maca de seu consultório. Quando começou a experimentar com pacientes de verdade, descobriu que podia curar até os que vinham sofrendo de VPPB havia anos. Quando a sequência não funcionava, ele tentava segurar um vibrador contra o crânio, atrás das orelhas do paciente, pouco antes da manobra, para ajudar a desalojar qualquer grão calcário aderente, e constatou que isso aumentava as estatísticas de cura.

Os cirurgiões cujo sustento dependia da recomendação de procedimentos onerosos para VPPB mostraram-se céticos, e o fato de Epley encostar vibradores na cabeça dos pacientes lhes permitiu rotulá-lo de excêntrico. Ele foi objeto de riso em conferências, acusado por alguns de inapto para clinicar. Suas manobras foram aperfeiçoadas no início dos anos 1980, mas ainda se passaria uma década antes que seu tratamento inofensivo, eficiente e isento de medicação e cirurgia para vertigem posicional fosse divulgado numa revista respeitada por seus pares. O procedimento levou mais alguns anos para se difundir entre as clínicas de medicina geral em todo o globo.[1]

Qualquer pessoa pode fazer uma manobra de Epley: você pode baixar a sequência na internet e tentá-la em casa, em você mesmo, embora pessoas com problemas no pescoço e má circulação devam ter cautela. Só mais de uma década depois que Epley publicou seus achados eu ouvi falar da sequência pela primeira vez e fiz uma experiência com ela. Epley relatou uma taxa de cura de 90% em sua clínica no Oregon: os resultados foram igualmente assombrosos quando comecei a usá-la na Escócia.

Levei Wirvell até seu quarto de dormir e lhe pedi que se sentasse perto do pé da cama, na posição invertida, com as pernas esticadas na direção do travesseiro. Eu tinha notado que ele possuía orelhas pequenas, estranhamente intricadas, tão convolutas quanto conchas de náutilos. Pus uma das mãos sobre cada uma das orelhas dele e em seguida o deixei cair direto para trás, de modo que a cabeça tombasse abaixo da linha horizontal da cama, com o queixo virado para o ombro esquerdo. Essa é uma posição que orienta a cabeça de certa maneira em relação à gravidade, calculada por Epley para permitir que os grãos calcários do lado esquerdo comecem a se deslocar pelos canais semicirculares. Esperamos alguns segundos.

"Não está acontecendo nada", disse ele, franzindo a testa. "Isso deveria fazer a tonteira desaparecer?"

Da outra vez que o deixei cair para trás, virando seu queixo agora para o ombro direito, todo o corpo de Wirvell ficou tenso, e seus olhos começaram a fazer movimentos bruscos como pontos de luz num osciloscópio – são as tentativas feitas pelos olhos para acompanhar o movimento ilusório sentido no labirinto. "Pronto!", murmurou ele, rangendo os dentes. "Você está fazendo a coisa piorar!"

Nos anos 1950 descobrira-se que, quando os canais do lado direito estavam afetados por VPPB, deitar-se com o queixo virado para a direita era o movimento com maiores chances de provocar um ataque. Após trinta segundos mantendo essa posição, os movimentos bruscos dos olhos começaram a se acalmar. Virei sua cabeça lentamente, noventa graus, ainda pendente para fora da cama, de modo que agora seu queixo apontava para o ombro esquerdo. A vertigem começou de novo, mas dessa vez com menos força. Depois de mais trinta segundos, rolei-o sobre o lado esquerdo na cama enquanto mantinha a posição do queixo, agora voltando seu olhar para o carpete. Seu corpo relaxou, ele descerrou os dentes – os sintomas já estavam se acalmando. Mais trinta segundos, e eu o sentei, pedindo-lhe que levantasse o queixo devagar e olhasse para a cabeceira da cama.

"Como se sente agora?", perguntei-lhe.

Ele fez um momento de pausa, depois se virou hesitante para olhar sobre o ombro direito. "Ok, até agora", disse, jogando as pernas para fora da cama.

"Tente se inclinar."

Ele se levantou, em seguida inclinou a cabeça e olhou sobre o ombro direito – o movimento que antes desencadeava a vertigem. "É como mágica… Medicina vodu!"

Por que um tratamento tão simples, livre de riscos e eficiente, levou dez anos para ser relatado na imprensa médica? É errado supor que os médicos são racionalistas, que o olhar médico é tão isento de tendenciosidades e tão aberto para novas ideias quanto a melhor ciência. Os médicos são tão propensos ao preconceito e ao protecionismo quanto os profissionais de qualquer outra esfera da vida – ocorre apenas que temos, acertadamente, expectativas mais elevadas.

A simplicidade e a eficiência da manobra de Epley são como um truque de mágica, mas também são um lembrete de que, apesar de todos os avanços da medicina moderna, o corpo e seus modos de funcionamento ainda podem nos surpreender. Os médicos haviam passado milênios confundidos acerca da maneira de tratar episódios de vertigem severa e incapacitante.

É alentador que não tenha sido um importante desenvolvimento técnico a resolver o problema da VPPB – algum novo tipo de escâner ou procedimento microcirúrgico –, mas apenas um pouco de pensamento criativo, uma garagem e alguns metros de mangueira de plástico.

Tórax

6. Pulmão: o sopro da vida

> "De um lado fogo celeste: claro, esparso, igual a si mesmo em todas as direções... O oposto é noite escura: um corpo compacto e pesado."
>
> PARMÊNIDES, *Sobre a natureza*

EM UM DOS SERVIÇOS de emergência onde trabalhei havia uma porta escondida que abria para um pequeno pátio nos fundos. As ambulâncias levavam os pacientes para lá quando já estavam mortos. Em vez de chegar com luzes azuis intermitentes na entrada principal, havia uma discreta batida na porta, e um dos médicos saía e atestava a morte, de modo que o corpo pudesse ser levado para o necrotério.

Há somente três tarefas a lembrar quando se atesta uma morte: iluminar os olhos do paciente com uma lanterna para ver se as pupilas se contraem em resposta à luz, verificar a artéria carótida no pescoço para sentir se há pulsação e pôr um estetoscópio no tórax para ouvir se há respiração. A respiração é o mais revelador; no Renascimento, punha-se uma pluma nos lábios para ver se algum ar entrava e saía dos pulmões. Os livros-texto recomendam ouvir durante um minuto inteiro, mas muitas vezes o fiz por mais tempo – temeroso de perder um estertor agônico ou uma última e fraca batida do coração. Mas um olhar para a superfície leitosa, desidratada, dos olhos em geral é suficiente para me convencer de que os mortos estão realmente mortos. O vazio aberto das pupilas é mais um sinal revelador – um relance no abismo.

Uma noite, um homem foi trazido morto depois de ter saltado de uma das muitas pontes de Edimburgo sobre a rua lá embaixo. As anotações médicas, quando chegaram do departamento de registros, diziam que os psiquiatras o tinham visto ainda naquela semana, e ele parecia estar de "bom humor". Passantes contaram que ele não tivera nenhuma hesitação; simplesmente saltou sobre o parapeito para a morte como se tivesse deixado cair algo precioso e quisesse pegá-lo de volta.

Aquele era um cadáver enxovalhado. O pescoço tinha sido gravemente quebrado e torcido, a língua e o pescoço estavam inchados, mas havia pouco sangramento nas esfoladuras – o coração devia ter parado de bater quase imediatamente após o impacto. Acendi uma lanterna sobre os olhos e observei a luz cair sobre o olhar fixo e vazio – não houve nenhum estreitamento das pupilas ou reflexo da luz a partir da superfície. Passando para a pulsação carotídea, senti algo inesperado: sob as pontas dos meus dedos havia uma sensação de pipocar e crepitar. Após verificar que ele não tinha nenhuma pulsação, pus o estetoscópio contra a parede do tórax e ouvi a mesma crepitação ampliada através dos auriculares. Os pulmões deviam ter rompido – explodido com a pressão quando ele bateu na rua. O pipocar e crepitar eram causados por ar, comumente contido dentro dos pulmões, mas agora se deslocando para outros tecidos do corpo.

Líquido e ar devem se manter em seus compartimentos separados no corpo, assim como um horizonte separa o mar do céu. Mesmo se os olhos, a falta de pulsação ou os sons de respiração não tivessem me convencido de que ele estava morto, isso o teria feito. Enquanto eu tentava ouvir um som de respiração que não veio, imaginei qual devia ser a sensação de se lançar de uma ponte; como a pessoa deve se sentir leve e livre, se a gravidade e a escuridão do desespero não a tivessem puxando para a terra.

Os PULMÕES SÃO OS ÓRGÃOS menos densos do corpo porque são compostos quase inteiramente de ar. A palavra inglesa para pulmão, *lung*, vem de uma raiz germânica, *lungen*, que por sua vez provém de outra palavra indo-europeia que significa "leve".

A medicina tradicional chinesa, a aiurvédica e a grega argumentavam que o ar transportava espíritos ou energias invisíveis (que elas chamavam, respectivamente, de *qi*, *prana* ou *pneuma*). Segundo essas perspectivas, nossos corpos são banhados de espírito, e os pulmões são a interface entre o mundo espiritual e o físico. Para os gregos, tal como celebrado no Evangelho de são João, no princípio era o *logos* – a palavra –, a existência era evocada através de sons produzidos pela respiração. Os textos escritos, mesmo aqueles nunca destinados a ser lidos em voz alta, muitas vezes são pontuados de acordo com as necessidades de o falante tomar fôlego.

Os pulmões são leves como espírito porque seu tecido é muito fino e delicado. As membranas no interior são arranjadas de modo a maximizar a exposição à respiração, mais ou menos como as folhas em árvores maximizam a exposição ao ar. Assim como as folhas absorvem dióxido de carbono e liberam oxigênio, os pulmões absorvem oxigênio e liberam dióxido de carbono. Se esticássemos todas as membranas do pulmão de um adulto, elas ocupariam mais de 92 metros quadrados – o equivalente à cobertura foliar de um carvalho de quinze a vinte anos de idade. Com o estetoscópio, podemos ouvir o fluxo de ar através dessas membranas como o farfalhar das folhas numa brisa leve. Quando os médicos ouvem a respiração, é isso que querem escutar: uma abertura conectando a respiração com o céu – a leveza e o livre movimento do ar.

Os médicos usam o estetoscópio para tentar descobrir se há alguma solidez no pulmão: se um tumor ou infecção consolidaram os tecidos, em vez do tênue suspiro da respiração, é possível ouvir os ruídos da doença. Com o estetoscópio tentamos ouvir a "ressonância vocal aumentada": a transmissão nítida de palavras faladas pelo paciente. Procuramos ouvir a "respiração bronquial": o som de ar assobiando através das largas vias aéreas. Esses sons são inaudíveis através de um tecido saudável, mas podem ser revelados pela acústica transformada de um pulmão pesado, solidificado. A infecção, e não o tumor, dá origem a um terceiro som, chamado "crepitação", quando pus e muco fazem as membranas mais finas colarem umas nas outras. Milhares de pequeninas câmaras de ar se abrem e fecham a cada lufada de respiração, soando como se os pulmões tivessem sido envoltos num fino plástico de bolha.

Quando penso no pulmão, as associações que vêm à mente são luz, leveza e vitalidade. Quando adoece, ele perde sua airosidade; torna-se o lastro que nos puxa para o túmulo.

FOI DE UMA TOSSE que Bill Dewart se queixou primeiro; uma tosse seca, inútil, que pontuava suas frases durante o dia e lhe valia cutucadas nas costelas dadas pela mulher durante a noite. Bill usava um boné chato e carregava uma bengala, mas, aos 76 anos, era forte e ainda trabalhava como encanador. Tinha o rosto de um homem mais jovem, com uma expressão de surpresa, como se admirado com a maneira como a idade se aproximara dele sorrateiramente. "Para que eu haveria de parar de trabalhar?", perguntou-me quando eu trouxe à baila a questão de sua aposentadoria. "Ficar o dia inteiro sentado em casa, incomodando minha mulher?"

"Quantos cigarros você fuma?", perguntei-lhe, notando as manchas de alcatrão nos dedos da mão direita.

"Quarenta por dia durante os últimos 65 anos", respondeu ele, "e não estou a ponto de parar agora!" Riu, e as rugas da pele se aprofundaram em suas bochechas: "Cigarros!", exclamou, sacudindo o dedo amarelado para mim. "É só sobre isso que vocês médicos querem falar!"

Pedi-lhe que soprasse por um medidor de fluxo de ar, para ver com que rapidez podia expelir ar do tórax. Estava mais lento do que devia ser na sua idade, mas o fumo explicava isso. Após ajudá-lo a desabotoar a camisa, pousei minha mão esquerda nas suas costas e comecei a bater nos dedos dessa mão com o dedo médio da mão direita. Sobre pulmões saudáveis essas batidas produzem o som semelhante ao de um tambor abafado; ressonante e suave, com uma ligeira elasticidade sentida na mão esquerda. Quando o tecido pulmonar está sólido ou cheio de fluido, é como bater no aro do tambor, e não no couro: surdo e duro, sem nenhuma elasticidade.

Auscultei todas as regiões de seu tórax: frente e costas, parte superior, média e inferior. Tudo soava oco. Segui a mesma rota usando o estetoscópio: o som por toda parte era um suave farfalhar de folhas – não havia nenhuma sensação de uma parte sólida de pulmão sob minhas mãos. Finalmente mandei-o dizer *ninetynine* enquanto auscultava as mesmas áreas (o som do "n" ressoa particularmente bem através do tórax).* Esquerda e direita, em cima e embaixo, frente e costas, as palavras transmitidas eram suaves e indistintas. Não havia nada da nitidez que eu esperava ouvir, do som transmitido através de um pulmão consolidado.

"Não acho que você tenha uma infecção de pulmão", disse a ele. "E não me parece que nenhum de seus comprimidos cause tosse." Deslizei meu olhar de seu rosto para os dedos manchados de alcatrão. "Mas gostaria de fazer alguns exames de sangue e enviá-lo para raios X de tórax."

---

* Como o *t* do "trinta e três" usado pelos médicos entre nós. (N.T.)

NAS ENFERMARIAS DE MEDICINA RESPIRATÓRIA tive dois professores. Um deles, uma mulher, dizia-se membro de uma nobre tradição em exame clínico e nos instruía a praticar percussão de peito pondo uma moeda sob um catálogo telefônico. "Feche os olhos e bata de leve no catálogo", dizia ela, "a acústica sobre a moeda é ligeiramente diferente." Ela insistia em que o exame dos pulmões era uma arte refinada e sutil, que podia ser melhorada ao longo da carreira clínica. O outro professor achava que isso era o equivalente auditivo de examinar protuberâncias no crânio para adivinhar a personalidade ou beber urina para ver se contém açúcar. Em sua primeira aula, ele segurou uma radiografia de tórax contra a janela. "É assim", disse ele, "que examinamos o tórax. Com *raios X*."

A radiografia de Bill Dewart parecia bastante normal. Sua traqueia era reta, terminando na forquilha que se ramificava para cada pulmão. Os pulmões pareciam escuros, sem vestígio da densidade que pode sugerir tumor ou infecção. Talvez fossem escuros *demais*, indicando enfisema causado por aqueles 65 anos de tabaco. O coração era de tamanho normal em relação ao diâmetro do tórax, e o contorno do diafragma era nítido, e não difuso. Afora o enfisema, a única anormalidade que pude detectar foram alguns espessamentos semelhantes a nós dos dedos nas costelas do lado direito. "Você já quebrou as costelas?", perguntei-lhe.

"Já", disse ele, estremecendo à lembrança. "Mas o outro cara ficou pior."

"Realmente, considerando tudo, não posso ver uma razão para sua tosse", falei.

"Talvez esteja melhorando um pouquinho", disse ele, mas não fiquei convencido.

"Vamos tentar usar um inalador e mandar uma amostra do seu catarro para o laboratório, e voltaremos a nos encontrar dentro de uma semana."

"A TOSSE ESTÁ PIOR QUE NUNCA", disse Bill Dewart quando voltou. "Não só isso, mas minha mulher diz que estou perdendo peso. Eu como feito um cavalo, mas não consigo engordar nada." Novamente dei batidinhas nos diferentes lobos dos pulmões; novamente auscultei-os, mas não ouvi nada incomum. "E aquele inalador é uma perda de tempo."

"Ainda é cedo", respondi. "Vale a pena perseverar."

"Não vamos perseverar por tempo demais", respondeu ele, "ou não vai sobrar nada de mim."

Prescrevi-lhe bebidas altamente calóricas e forneci-lhe uma folha impressa com conselhos de uma nutricionista recomendando barras de chocolate entre as refeições e cobrir todos os pratos com grossas camadas de queijo. Também marquei uma radiografia de acompanhamento e escrevi para os especialistas respiratórios pedindo que lhe fizessem uma tomografia computadorizada (TC) do tórax.

O relatório da segunda radiografia foi enviado eletronicamente apenas um dia depois – o radiologista o considerara urgente demais para esperar pelo correio. "Foi feita comparação com o filme anterior", dizia ele. "Há um grau de alargamento mediastinal e alguma deformação do bronco principal direito sugerindo linfadenopatia subcarinal. Recomenda-se exame adicional com TC."

A "carina" a que o radiologista se referia é o ponto em que a traqueia se divide em dois tubos separados, um para cada

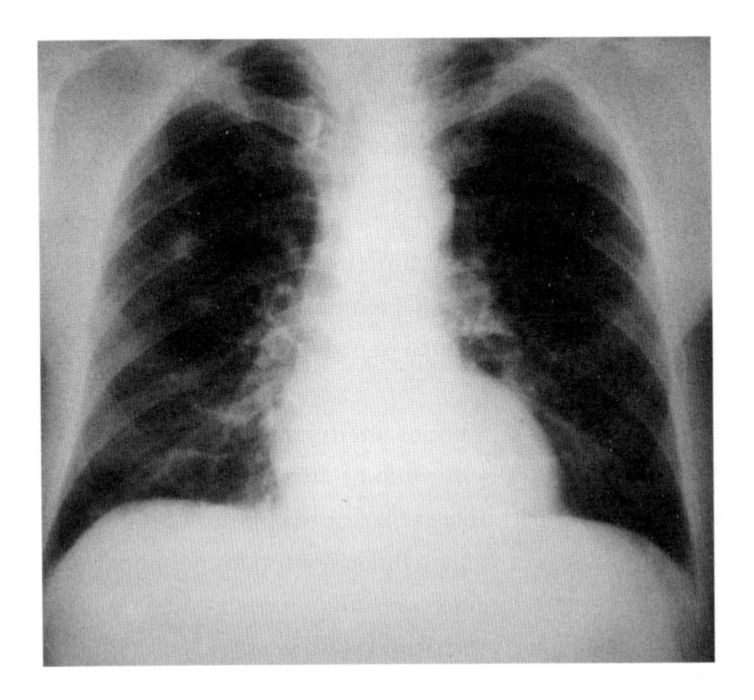

pulmão. "Carina" é a palavra latina para "quilha", e é usada para descrever partes do corpo em que dois planos inclinados encontram um espinhaço central, assim como as duas metades de casco se encontram ao longo da quilha de um barco. Há duas outras carinas no corpo: uma delas sob uma faixa arqueada de tecido no cérebro, onde liga partes dos dois hemisférios relacionados à memória, e uma na vagina inferior, onde a uretra permeia a parede vaginal.

A carina é o trecho mais sensível da via aérea humana: é o lugar onde provavelmente qualquer objeto que caia na traqueia, como um amendoim ou um pedaço de comida engasgado, irá bater primeiro. Ela tem de ser sensível, porque qualquer coisa que caia no pulmão precisa ser expelida pela tosse imediatamente, de outro modo poderia sobrevir infecção ou sufocação.

Inchação em torno da carina pode provocar uma tosse particularmente persistente e aflitiva, quando o corpo tenta expelir o que quer que esteja causando a irritação. O radiologista sugeria que os nodos linfáticos sob essa quilha de tecido tinham se tornado pesados e inchados, e, como um barco sobrecarregado com lastro demais, o casco da via aérea estava deformado.

A TC confirmou os nodos linfáticos inchados perto do fim da traqueia de Bill, bem como na área em que as vias aéreas, artérias e veias entram e saem de cada pulmão. Os nodos linfáticos dessa região drenam fluido dos tecidos pulmonares, e o fato de se mostrarem inchados sugeria que estavam sobrecarregados de células tumorais. Mas havia outras possibilidades: infecções e algumas condições imunológicas incomuns. Para descobrir qual, Bill teria de se submeter a uma biópsia.

Se sopramos ar sobre a nossa mão com a boca aberta, a exalação parece quente e úmida. Se franzirmos os lábios e soprarmos de novo, a exalação desta vez parecerá fria. Era uma crença do Renascimento de que é nos lábios que nossa alma está mais firmemente presa ao corpo; afinal, esse é o lugar onde o sopro da vida entra e sai. Que a exalação possa mudar entre quente e fria apenas pela alteração da posição da boca foi considerado outrora uma prova poderosa de sua vitalidade. A verdade é um pouco mais prosaica: o franzimento dos lábios põe o ar sob pressão; é a nova expansão desse ar pressurizado que absorve o calor de nossa mão e a deixa fresca.

Quando aspiramos pelo nariz, o ar é canalizado por dobras nos ossos nasais chamados "turbinados". Elas retardam, aquecem e umedecem o ar à medida que ele avança para o fundo do nariz, onde a parte anterior da coluna vertebral se articula com o crânio. Desse ângulo – o "espaço pós-nasal" –, ele é redirecionado para baixo, atrás da língua, para as cartilagens laríngeas e entre as falsas e as verdadeiras cordas vocais. A paisagem anatômica que produz voz a partir da respiração é intricadamente chamada de cartilagens *tritícea*, *corniculada* e *aritenoide*; tubérculo *cuneiforme* e prega *ariepiglótica*.

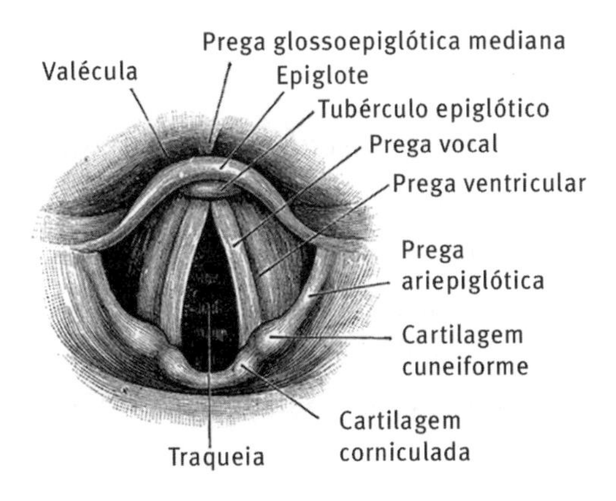

Os músculos na laringe alteram a tensão entre esses diferentes elementos dando altura à voz, quer estejamos gritando alarmados ou cantando uma ária. Das cordas vocais a respiração flui por mais doze a quinze centímetros até a carina, depois, como água em torno de um casco, as correntes de ar se dividem entre os pulmões direito e esquerdo.

O pulmão direito é maior que o esquerdo porque não é comprimido pelo volume do coração. A via aérea que leva a ele é mais vertical também – se um amendoim ou botão for inalado, é provável que caia no pulmão direito. Da raiz do pulmão, onde os grandes vasos entram e saem, às membranas semelhantes a folhas, na periferia, as vias aéreas do pulmão assemelham-se a uma árvore – especialistas até usam a expressão "árvore bronquial" para descrevê-las. Sua anatomia foi cuidadosamente compreendida não apenas porque as crianças inalam pequenos objetos que têm de ser retirados, mas para auxiliar nas cirurgias. Se você quiser extirpar um tumor de pulmão, raiz e ramo, tem de remover o segmento afetado de pulmão, bem como o ramo da via aérea que o supre.

A BIÓPSIA DO NODO LINFÁTICO confirmou o que eu temia: embora os raios X tivessem sido claros originalmente, Bill tinha câncer de pulmão. A posição do tumor e o fato de que ele já se espalhara significavam que cirurgia não seria uma opção. Os médicos têm uma expressão estranha para a quantidade de câncer que se acumula dentro de um órgão; eles a chamam de "carga de tumor". À medida que os pulmões de Bill se tornaram mais pesados, seu corpo e voz foram ficando mais leves, mais insubstanciais. A princípio ele ainda conseguia ir até o meu consultório para me ver, mas uns dois meses após a biópsia eu estava pedalando até sua casa mais ou menos de quinze em quinze dias para visitá-lo. Ele continuava estoico como sempre. Durante esses encontros, geralmente tinha um cigarro na mão, as narinas soltando fumaça como chaminés gêmeas de fábrica. Tinha decidido que era tarde demais para se dar ao trabalho de parar de fumar. Enquanto pairava em nuvens sobre sua cabeça, a fumaça parecia dar forma e substância às suas palavras.

À medida que as semanas se passaram, seu tumor cresceu, e à medida que seus pulmões ficaram mais pesados, os sons que eu ouvia no tórax começaram a mudar. Eu podia ouvir o assobio da respiração na carina, sua voz nitidamente clara enquanto era transmitida através do pulmão que se solidificava. Não demorou a precisar de oxigênio suplementar para andar pela casa, fornecido por pequenos tubos usados sobre as orelhas e passando sob o nariz. Como o oxigênio é considerado arriscado na casa de um fumante, ele finalmente teve uma razão para abandonar o cigarro. Perguntei-lhe em que medida fora difícil parar, e ele exibiu um sorriso de sua coleção. "Absolutamente nenhum incômodo", disse ele, "eu devia ter feito isso anos atrás."

Bill havia sido diagnosticado no outono. Na primavera, haviam retirado sua espreguiçadeira da sala de estar, e um leito hospitalar fora aí instalado. "Fantástico, doutor", disse com um sorriso, ao me mostrar os botões elétricos que levantavam e abaixavam a cama, deixando-o sentado ou deitado. "Quase vale a pena ter câncer para conseguir uma dessas." Ele riu, mas sua mulher, não.

Há paisagens, com frequência de calcário, em que túneis dentro da terra realmente respiram: eles exalam nas horas quentes do dia e inalam quando a terra esfria à noite. Uma tarde, quando fui ver como Bill passava, sua respiração estava assim: fria, lenta e carregando a lembrança de ter estado no fundo da terra. "Olhe lá", disse ele, apontando para o alto do morro onde um grupo de árvores estava ficando verde com a primavera. "Sabe o que há por trás daquelas árvores?"

Segui a direção do seu dedo. "Não, deste ângulo, não sei ao certo."

"O crematório", disse ele. Após alguns momentos acrescentou: "Não me sinto amedrontado. Quando estou tão sem fôlego que mal posso me mexer, vejo fumaça saindo de sua chaminé e penso que talvez não seja tão ruim estar lá em cima, soprando sobre a cidade."

O vento estava invisível, leve como espírito, perceptível somente no movimento das árvores e da fumaça, que pelo menos naquele dia carregava as cinzas de alguma outra pessoa.

7. Coração: sobre pios de gaivota, fluxo e refluxo

"Mas ouve! Minha pulsação, como um suave tambor,
Bate minha aproximação, revela-te que estou chegando."

Bispo Henry King, "Exequy"

Antes que os estetoscópios fossem inventados, os médicos auscultavam o coração de seus pacientes pousando a orelha diretamente sobre a pele do tórax. Estamos acostumados a pousar nossas cabeças contra o peito de nossos amantes, nossos pais ou nossos filhos, mas, uma ou duas vezes, quando saí às pressas para uma visita domiciliar urgente, deixando o estetoscópio para trás, tive de redescobrir o método tradicional. É uma sensação estranha – íntima, mas objetiva – encostar a orelha no tórax de um estranho. Ajuda se você tapar o outro ouvido com o dedo. Depois que nos desconectamos de todo barulho ambiente, começamos a ouvir o som do sangue à medida que ele avança pelas câmaras e válvulas do coração. A crença clássica era de que o sangue viajava para o coração a fim de ser misturado ao espírito vital, ou *pneuma*, rarefeito a partir do ar fornecido pelo pulmão. Os antigos deviam imaginar uma agitação ali dentro: ar espumando com sangue, assim como o vento revolta as ondas no mar. A primeira vez que apliquei minha orelha ao tórax de um paciente veio-me a lembrança de segurar uma concha quando criança e imaginar o oceano ali dentro.

Quando qualquer fluido é forçado a passar por uma abertura estreita há turbulência, e, assim como um rio que transborda por um estreito desfiladeiro pode ser ensurdecedor, a turbulência dentro do coração gera ruído. Estudantes de medicina são treinados a ouvir muito atentamente as sutilezas desses ruídos e a inferir quão estreitos – ou obstruídos – estão os desfiladeiros do coração. Há quatro válvulas no coração humano. Quando elas se fecham, ouvimos dois sons distintos. O primeiro é produzido quando as duas válvulas maiores – a mitral e a tricúspide – se fecham ao mesmo tempo durante a parte ativa da batida (conhecida como *sístole*), quando o sangue é empurrado para fora dos ventrículos e para dentro das artérias. Essas válvulas são tão largas que têm cordas grossas como as de uma harpa presas a suas cúspides para reforçá-las.

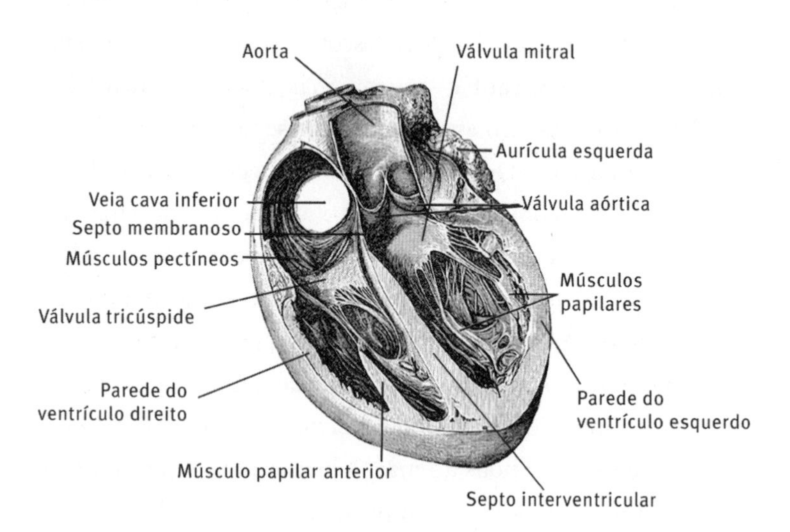

O segundo som é feito pelas duas outras válvulas – a pulmonar e a aórtica – quando evitam o refluxo enquanto os ventrículos voltam a se encher (*diástole*). Válvulas cardíacas saudáveis se fecham com um suave ruído percussivo, como um dedo enluvado tamborilando numa escrivaninha de tampo forrado de couro. Se elas estiverem endurecidas ou frágeis, há sons adicionais; murmúrios que podem ser agudos ou graves, altos ou brandos, dependendo do quanto seja abrupto o gradiente de pressão através da válvula e do grau de turbulência do fluxo.

Ao me iniciar na medicina, aprendi a distinguir entre patologias de válvulas ouvindo um CD de murmúrios. Eu o punha para tocar enquanto estudava, na esperança de que meu subconsciente chegasse a distinguir um murmúrio de "gaivota" de um murmúrio "musical", diferenciar o rangido da regurgitação mitral do trinado da estenose aórtica. Havia algo de confortador em ouvir o gorgolejo do sangue enquanto eu trabalhava. E me perguntava se ele lembrava o som do mar ou o de uma tempestade lá fora, quando estamos enrolados e aquecidos, mas os sons eram rítmicos demais para isso. Talvez seja o útero, pensei, uma lembrança profunda da pulsação de minha mãe.

É a contração periódica de nosso coração, a diferença de pressão entre sístole e diástole, que dá origem às pulsações que sentimos nos pulsos, nas têmporas e na garganta. A pulsação é uma característica conhecida da vida. De vez em quando aparece alguém com um projeto de coração artificial que bombeia sem necessidade de pulsação. Eu me pergunto: qual seria a sensação do sangue se movendo continuamente pelo corpo; não o fluxo e refluxo de uma maré, mas um incessante fluxo circular?

Em inglês, quando uma linguagem é qualificada de *clinical*, ou clínica, em geral se quer sugerir que é desprovida de emoção. No entanto, as clínicas estão frequentemente inundadas de transações emocionais. Na vida normal, é incomum ver adultos chorando, mas atrás da porta fechada de meu consultório isso é rotina. Em sua maioria os médicos não são emocionalmente frios, mas se tornam hábeis em sacudir dos ombros a carga do sofrimento de outras pessoas. A linguagem clínica foi esvaziada de emoção não somente por ser uma taquigrafia entre pares, mas por ser uma maneira de manter a dor, a decepção e a angústia dos pacientes a distância. Para equilibrar empatia e compaixão com um grau de indiferença e profissionalismo é preciso ter experiência, bem como inteligência emocional, e ninguém acerta todas as vezes. Hilary Mantel expressa isso de maneira menos generosa, porém mais sucinta: "Enfermeiros e médicos são uma elite escolhida como insensível o bastante para levar o trabalho adiante."

A linguagem clínica usada para descrever a perda de pulsação quando o coração falha não é sutil. Pode haver "rápida deterioração hemodinâmica": o sangue para de circular por todo o corpo. A apresentação é "dispneia, síncope ou dor no precórdio": o paciente arfa em busca de ar e desfalece, sentindo como se seu peito estivesse sendo rasgado. Pessoas que sofrem uma completa falha de válvula, quando permanecem com algum grau de consciência, têm a convicção de estar prestes a morrer – e em geral estão certas. Os médicos têm um nome até para essa convicção, e, como tanta coisa no jargão médico, ela é em latim: *angor animi*, ou "angústia da alma". Na sala de emergência esse sentimento é levado a sério. Lembro-me de uma mulher que atendi na sala de ressuscitação depois que ela desfaleceu na festa de seu septuagésimo aniversário. Quando as enfermeiras cortaram seu vestido e tiraram o colar de pérolas, ela agarrou meus braços e puxou meu rosto para junto do dela: "Ajude-me, doutor!", com os olhos arregalados de horror, "estou morrendo." Foi impossível encontrar sua pulsação, e ela morreu dentro de minutos, apesar de todos os nossos esforços para salvá-la.

Desde Descartes tendemos a acreditar que do queixo para baixo somos apenas carne e encanamento. *Angor animi* sugere que somos mais que isso; que de alguma maneira nos tornamos conscientes quando uma válvula não está mais funcionando ou um rasgão, ou "dissecção", se desenvolve na parede da aorta. Como sensação, a *angor animi* possui grande poder preditivo: já pedi uma TC urgente do tórax de um paciente convencido de que estava prestes a morrer.

Não é somente a falha da válvula que leva à súbita perda de pulsação: um bloqueio, ou trombose, no fluxo de sangue através das artérias coronárias pode ter o mesmo efeito. Se a rede de fibras que coordena a contração ventricular for privada de oxigênio, o músculo cardíaco começa a se contrair caoticamente ou a "fibrilar"; a morte se seguirá rapidamente, a menos que as contrações do músculo sejam realinhadas por meio de choque elétrico. Algumas pessoas continuam propensas a essa fibrilação mesmo depois que o bloqueio foi dissolvido ou aberto à força por um *stent*. Foram desenvolvidos marca-passos que funcionam também como desfibriladores – é possível agora transportar sua própria máquina de suporte à vida, mais ou menos do tamanho e da espessura de um isqueiro Zippo, enfiada num bolso de pele no nosso peito. Ela se acomoda confortavelmente pouco abaixo da clavícula. Um paciente meu, veterano de guerra, que tinha um desses disse-me que o usava como uma medalha de honra. "Veja bem", declarou ele, "quando ele dispara é como se um cavalo me tivesse trazido de volta do túmulo a coices."

Robin Robertson, poeta e editor, nasceu com um coração em que uma das válvulas – a válvula aórtica – era composta de apenas duas cúspides, em vez das três usuais. A válvula aórtica impede o refluxo da aorta para o principal ventrículo do coração. Cada cúspide de válvula consiste em dois elementos: um nódulo firme e uma aba de tecido mais mole, mais flexível, em forma de crescente, conhecida como lúnula – "pequena lua". Quando uma válvula saudável se fecha, os três nódulos se fecham juntos com um estalo e sustentam as abas das pequenas luas para controlar a maré de sangue.

Se houver somente duas cúspides, e não três, as lúnulas se encaixam de maneira menos ajustada, o que significa que o sangue começa a jorrar para trás no ventrículo. Por vezes essa agitação de sangue é alta o suficiente para ser vista e sentida;

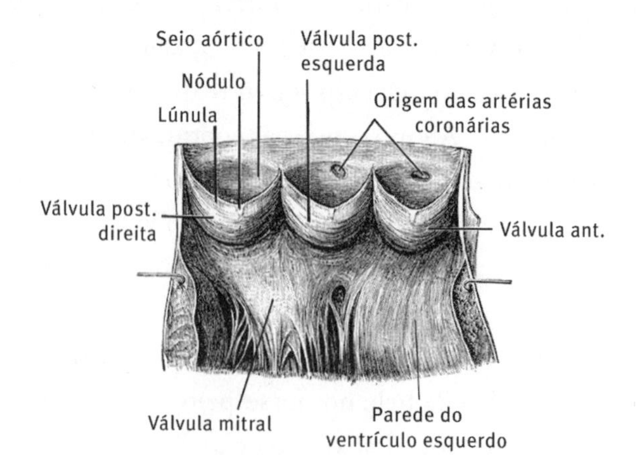

pondo a mão aberta contra o esterno, podemos sentir uma palpitação, ou "excitação", através da válvula que vaza. Durante os primeiros trinta anos da vida de Robertson essas duas cúspides se fecharam entre setenta e cem vezes por minuto, cerca de 100 mil vezes por dia, por volta de 40 milhões de vezes por ano. Depois ele desenvolveu um "pio de gaivota", nome para descrever a aspereza do som, evocativo dos guinchos de turbulência que haviam começado a redemoinhar em seu coração. Seu poema "The halving" narra a operação que ele sofreu para substituir a válvula.

No poema, Robertson descreve como seu coração foi parado, e a circulação e oxigenação do sangue foram assumidas por uma máquina. Um disco revestido de carbono, "dispendiosamente/ abrigado numa caixa de tântalo", foi tirado de um invólucro estéril e introduzido em sua aorta pinçada. Ao despertar da cirurgia ele se sentiu desorientado e desencarnado: "Por quatro horas eu estivera ausente: fora de meu corpo./ Morto, depois devolvido abruptamente ao mundo." Depois que os anestésicos e a morfina haviam se escoado de sua corrente sanguínea, ele passou a sentir uma dor que lhe rasgava o esterno sempre que se movia: osso raspando osso. Quando isso começou a diminuir, uma escuridão paralisadora começou a baixar sobre seu humor: "Acima da dor, um negrume surgiu e se avolumou;/ '*pump-head*', é como alguns o chamam/ – restos da máquina de bypass/ migrando para o cérebro."

Ninguém sabe por que alguns indivíduos experimentam o *pump-head*: um distúrbio do humor e de cognição ocasionado pelo fato de ter o próprio sangue removido para além dos confins do corpo. Mas uma enfermeira encarregada da unidade de terapia intensiva cardiotorácica me disse que nada menos que um terço dos pacientes a experimenta. Muitos se mostram violentos quando despertam; guardas de segurança têm de contê-los enquanto são sedados com forte medicação antipsicótica. Alguns ficam simplesmente quietos, "não são eles mesmos", como me explicou a enfermeira: é como se tivessem de se reacostumar com seus corpos. Alguns se tornam inadequados e desinibidos. Ela contou histórias de vigários fazendo piadas obscenas e senhoras gentis pronunciando impropérios chulos.

Alguns pesquisadores acham que, quando a aorta é cortada, amputando o coração de seus vasos, pequeninas partículas adiposas escapam para as artérias do cérebro como bandos de pássaros e ficam presas ali numa fina teia de capilares. Alguns acreditam que bolhas provenientes da máquina perturbam o delicado equilíbrio do fluxo sanguíneo cerebral. Outros sugerem que processos inflamatórios dentro do cérebro, pouco compreendidos, são postos em movimento pelo trauma de ter o peito aberto à força e as costelas separadas ("mantidas em pasmo", como Robertson o expressa esplendidamente). Máquinas de bypass esfriam o sangue, e alguns julgam que o *pump-head* é um subproduto do resfriamento do cérebro. Mas há outra teoria: as máquinas de bypass estão em uso há mais de sessenta anos, mas ainda não conseguem imitar precisamente a pulsação natural do coração. É possível que o ritmo interno do coração seja essencial para nosso bem-estar: é possível que nossos cérebros e nosso senso de identidade dependam dele.

Faz quase quatrocentos anos desde que William Harvey compreendeu que crenças clássicas sobre o coração estavam erradas, e que ele funciona como uma bomba de quatro câmaras. Até que seu *De Motu Cordis* fosse publicado, em 1628, as ideias não tinham avançado desde os tempos do Império Romano. Na verdade, ainda falamos muitas vezes como se as crenças clássicas fossem verdadeiras, e o coração gerasse não apenas nossa pulsação, mas também nosso espírito. Uma pessoa sem coração é alguém sem consciência, até sem alma. Falamos de dor no coração, de seguir o nosso coração, de morrer com o coração partido; sentimos um conflito entre nossos corações e nossas mentes, como se a razão residisse no cérebro, mas o coração fosse o timoneiro. O *pump-head* poderia ser uma manifestação de bolhas, de resfriamento, de gordura, de inflamação do cérebro, mas, para Robertson, a experiência de ter seu coração parado e seu sangue passado através de uma máquina foi "mais interessante que isso". Ela o deixou "partido ao meio e desgovernado", "estive longe, eu disse ao teto,/ e agora não sou eu mesmo".

Máquinas de bypass cardiopulmonar têm muito em comum com as ideias clássicas sobre a função do coração humano: o sangue é extraído das veias grandes no tórax e depois aspirado para dentro de uma câmara onde é capaz de absorver oxigênio (ou "espírito vital"). As primeiras máquinas formavam bolhas de oxigênio através de um reservatório de sangue na espécie de agitação que Aristóteles imaginava ocorrer nos ventrículos. Mas desde meados dos anos 1970 suspeitamos que é melhor manter o sangue e o ar à parte, separados por uma membrana sintética, descartável.

Depois de passar pelo oxigenador, o sangue é espremido através de um tubo por um rolo compressor, ou sugado por uma bomba centrífuga. De lá é forçado a passar através de uma série de filtros de bolha e esfriadores, e depois por sensores que analisam o sangue quanto a acidez, oxigenação e salinidade.

Ele pode ser conduzido de volta ao corpo por meio de tubos, através de um corte na aorta, pouco acima do coração, mas também na carótida, no pescoço, ou na artéria femoral, na virilha. Da perspectiva do corpo humano como encanamento, não faz nenhuma diferença onde você o reintroduz.

Nos anos 1990, algumas prestigiosas revistas científicas começaram a publicar artigos afirmando que os pacientes sofreriam menos de *pump-head* se o sangue da máquina lhes fosse entregue em pulsações semelhantes às do coração, e não num fluxo constante. Capilares e células executam a silenciosa indústria da vida no nível microscópico; no cérebro, sua função está intimamente ligada ao pensamento e à personalidade. As evidências sugerem que eles preferem que o sangue que os nutre venha em pulsações. Mesmo as melhores máquinas de bypass só conseguem uma canhestra proximidade do pulsar de pressão de um coração que bate.

ALGUNS DIAS DEPOIS que ouvi Robertson ler seu poema, uma mulher grávida foi à minha clínica. Fazia cerca de um dia que ela não sentia seu bebê e queria que eu a tranquilizasse, ouvindo seus batimentos cardíacos. Estetoscópios normais são inúteis para ouvir a pulsação de um bebê no útero; o som é rápido demais, baixo e agudo. As parteiras frequentemente usam uma sonda Doppler eletrônica para encontrar o coração fetal, mas usei um tubo modificado chamado estetoscópio de Pinard, semelhante a uma corneta acústica antiga, introduzida entre minha orelha e o contorno dilatado do ventre da mulher. O melhor lugar para pousar a extremidade da corneta é onde você pensa ter sentido a curva convexa da espinha dorsal do bebê. Mesmo com um dedo tapando meu outro ouvido, levei algum tempo para encontrar o coração – um par de minutos atrozes para a mãe. Mas lá estava ele: uma intercalação rapsódica, sincopada, da pulsação dela com a de seu bebê. A pulsação fetal era distinta, irregularmente rápida, como um pássaro sobre a onda oceânica da pulsação da mãe. Parei por um momento ouvindo os dois ritmos dentro de um, duas vidas em um corpo.

The halving*
ROBIN ROBERTSON

Anestesia geral; uma esternotomia mediana
realizada por serra esternal; as costelas
mantidas em pasmo por retrator; os tubos
e cânulas puxando o sangue
para o reservatório, e seu borbulhador;
a aorta em apuros pinçada, o coração
esfriado e parado e deixado para secar.
A incompetente válvula mitral extirpada,
a nova – um disco revestido de carbono, dispendiosamente
abrigado numa caixa de tântalo –
é desprendida de sua bolsa estéril
depois pesadamente implantada no coração nativo,
apoiada, assentada com suturas.
A aorta liberada, o coração pôs-se de novo a bater.
O sangue admitido de volta
após seu tempo no exterior

* "A divisão ao meio", em tradução literal. (N.T.)

circulando na máquina.
O expansor de costelas relaxado
e o encanamento removido, o esterno
atado com arames esternais, a incisão fechada.
Por quatro horas eu estivera ausente: fora de meu corpo.
Morto, depois devolvido abruptamente ao mundo.
As distrações do delírio chegaram e se foram, e em seguida,
enquanto a morfina se escoava, fui deixado com um peito
fendido que moía e ralava contra si mesmo.
Acima da dor, um negrume surgiu e se avolumou;
"*pump-head*", é como alguns o chamam
– restos da máquina de bypass
migrando para o cérebro –, mas parecia
mais interessante que isso.
Partido ao meio e desgovernado,
Estive longe, eu disse ao teto,
e agora não sou eu mesmo.[1]

8. Mama: duas visões sobre cura

"Ser curado não é ser salvo da mortalidade, mas sim ser lançado de volta nela: somos devolvidos à natureza, a possibilidades de envelhecimento e mudança."

KATHLEEN JAMIE, *Frissure*

UMA DOENÇA MEDONHA, o câncer de mama, que aflige mulheres jovens e idosas, é tão comum que, em qualquer momento dado, a maioria dos médicos de família conhecerá várias mulheres que dela padecem. Ao se extirpar um tumor, a mama com frequência é desfigurada, e, nos países ricos, se oferece cirurgia estética para mitigar qualquer sofrimento que a cicatrização – uma mutilação evidente – pode acarretar. Como o rosto, o seio está estreitamente associado a ideias de beleza e juventude: um reflexo de nossas próprias ansiedades sobre sexo, envelhecimento e perda da fertilidade. Os padrões estéticos esperados dos cirurgiões da mama são mais elevados que em outras especialidades – estilistas de moda põem os seios em exibição de maneira impensável para outras partes do corpo.

O status especial da mama persiste no modo como seus cânceres são clinicamente tratados: na cidade onde trabalho, mulheres com preocupações sobre nódulos nas mamas são atendidas mais depressa que as vítimas de outros cânceres, em geral dentro de poucos dias, e, no final do atendimento, elas terão consultado um especialista, feito raios X ou escâner de ultrassom do nódulo e tido um pedaço dele removido para exame ao microscópio, caso isso se justifique. Se a pessoa tiver câncer, em seguida as opções para cirurgia, quimioterapia e radioterapia muitas vezes serão explicadas antes que ela vá para casa.

Especialistas em mama são considerados entre os mais acessíveis especialistas cirúrgicos, sensíveis às ansiedades de suas pacientes e cuidadosos em seu tratamento e acompanhamento. Contudo, por mais emocionalmente conscientes que os clínicos possam ser, os lugares em que trabalham ainda são clínicas. Há uma razão para que o adjetivo *clinical* em inglês seja sinônimo de eficiência fria, indiferente. Quando entro no meu hospital, não o sinto como um lugar de conforto e cura: sua fachada de vidro e aço, o labirinto de corredores caiados, o átrio de linhas arrojadas, tudo isso lembra um shopping center, um aeroporto ou um centro de exposições. É um lugar dedicado ao processamento eficiente de milhares de pessoas; as esperanças e ansiedades dos indivíduos tendem a ser abafadas na multidão.

Aprendi sobre doenças da mama no Western General Hospital em Edimburgo, que começou como asilo religioso para indigentes nos anos 1860. Parte do asilo original sobrevive, aninhado dentro de uma concha de prédios modernos. Como médico iniciante caminhando pelos corredores, eu notava a transição quando as paredes se estreitavam de repente, ou o piso se elevava meio nível. O hospital passou por outras expansões ao longo dos períodos vitoriano e eduardiano, à medida que o velho asilo para indigentes era transformado em hospital estatal. A clínica da mama era parte de uma construção posterior, erguida nos anos 1960, quando por algum tempo parecia que a aplicação cuidadosa da ciência iria fornecer a cura em escala industrial.

Sendo bem financiada, a clínica da mama tinha alguns carpetes e gravuras de bom gosto emolduradas; as paredes haviam sido pintadas em tons pastel. Mas tratava-se inequivocamente de uma clínica: nas salas de espera havia cadeiras duráveis, asseáveis, e muitas das salas não tinham janelas. Lembro-me de uma colega cirurgiã conduzindo-me por uma série interconectada de salas, apresentando-me a várias mulheres ansiosas que tinham sido encaminhadas para a clínica por causa de nódulos nas mamas.

Uma entre dez ou uma entre vinte das mulheres que ali compareciam tinha câncer; os nódulos das outras eram todos benignos. Muitas tinham *fibroadenomas* – tecido produtor de leite dos lóbulos da mama que tinha ficado emaranhado numa rede complexa de ligamentos e ductos. Eles eram inofensivos, exceto pela preocupação que ocasionam. A maioria das outras

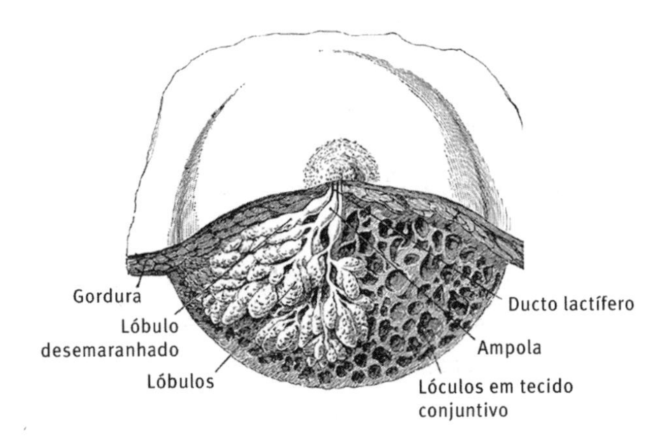

tinha *alteração fibrocística* – condição tão comum que pode ser considerada normal. É caracterizada por cistos não cancerosos cheios de fluido dentro da mama, que muitas vezes aumentam e diminuem durante o curso do período menstrual, como as fases da Lua.

Essas mulheres com fibroadenomas em geral eram tranquilizadas sem que fossem providenciados testes adicionais – os nódulos são caracteristicamente indolores, macios e móveis, e muito mais comuns nas jovens. A alteração fibrocística pode ser mais dolorosa e difícil de diagnosticar, e por isso minha colega realizava uma "aspiração com agulha fina", passando uma agulha em cada nódulo, com a ajuda de um escâner de ultrassom, e extraindo um fluido âmbar de cada cisto. Ocasionalmente ela encontrava um nódulo mais duro que parecia preso aos tecidos à sua volta – uma característica preocupante. Usava uma agulha mais larga para fazer a biópsia ou, se o nódulo estivesse muito enterrado na mama, providenciava uma "lumpectomia" sob anestesia geral.

Na clínica víamos também mulheres que tinham retornado para que seus ferimentos cirúrgicos fossem examinados, verificando-se se estavam se curando da forma adequada. Havia aquelas que tinham sofrido mastectomias para câncer, outras que tinham passado por cirurgia reconstrutiva e algumas que haviam feito redução dos seios porque o peso começara a causar tensão nas costas. As pacientes eram examinadas em rápida sucessão, depois de alocadas num cubículo, e tinham suas roupas arranjadas por uma das enfermeiras para facilitar o exame rápido. O ferimento era o foco da consulta: quão bem ou mal ele estava e seu resultado estético. Não me lembro de perguntarem a essas mulheres como estavam começando a aceitar e a lidar com a transformação de seus corpos.

Da perspectiva de um administrador clínico, a cura pode ser vista como um processo impessoal, reproduzível, a ser sistematizado e oferecido ao público da maneira mais barata possível. Em um outono, fui ver uma exposição singular sobre recuperação de câncer da mama que pesquisava uma perspectiva alternativa: a colaboração entre uma artista e uma poeta que examinaram a trajetória de uma pessoa rumo à cura depois que ela deixara para trás aquelas paredes de vidro e aço.

Quando, aos cinquenta anos, descobriu que tinha câncer de mama, a poeta Kathleen Jamie não fez a cirurgia reconstrutiva imediatamente; após a remoção do tumor, ela acordou com uma longa cicatriz em forma de Y que se torcia pela parede de seu tórax. Foi um choque para ela olhar para baixo e ver seu peito achatado como não era desde a infância, a pulsação tremulando sob a pele. Enquanto convalescia no leito, em casa, começou a pensar sobre sua cicatriz e a transformação que ela representava. Uma nova linha serpenteava pelo seu peito, e ela observou que "uma linha, em poesia, abre possibilidades dentro da linguagem e produz voz a partir do silêncio. Qual a primeira coisa que um artista faz ao começar uma nova obra? Ele traça uma linha. E agora eu tinha uma linha, e que linha!"

Ela começou com essa linha no corpo, mas passou a ver ali referências ao que é conhecido, para bem ou para mal, como o "mundo natural". Ela era um mapa, um rio, o ramo de uma rosa. Tinha sido exposta ao olhar de grande número de clínicos ao longo do tratamento, e Jamie começou a se perguntar como seria ter a cicatriz examinada por um artista. Perguntou a uma amiga artista, Brigid Collins, se aceitaria fazer uma série de pinturas e esculturas relacionadas à cicatriz. Para introduzir uma medida de reciprocidade no projeto, Jamie começou a escrever curtos poemas em prosa. Esses poemas e as obras de arte de Collins evoluíram lado a lado, em vez de um ser criado para ilustrar ou explicar o outro – cada uma das mulheres trabalhou com a outra para criar respostas separadas, mas correlatas. "Por isso a cura que teve lugar tornou-se uma experiência compartilhada", Collins escreveu depois, "de ferimentos tanto recentes quanto passados, que podem ser vistos ao mesmo tempo como pessoais e como universais, usando nossas experiências do mundo natural como um ponto de partida."[1]

A exposição que as duas mulheres montaram juntas tinha origem em duas tradições distintas de visualização do corpo.[2] A primeira considerava a anatomia através das lentes dos artistas-cirurgiões de antigamente, como Charles Bell, e os ilustradores médicos tradicionais que preparavam imagens de doença e mutilação para fins de instrução médica. Embora lindamente executadas, essas imagens eram com frequência

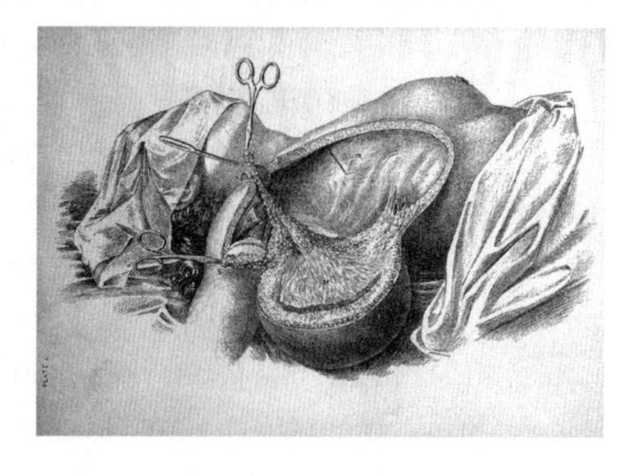

amputadas de seu contexto – as vidas e histórias das mulheres que representavam.

A segunda tradição em que se inspiravam era mais antiga, tendo origem em perspectivas clássicas sobre saúde, e imaginava o corpo como um espelho do cosmo. Se o corpo é uma paisagem, e a doença, uma perturbação na harmonia maior de que somos apenas uma pequena parte, então o mundo à nossa volta encerra pistas sobre a restauração do equilíbrio interno.

Quando Jamie vê o tumor em sua mamografia, ele não a horroriza nem simboliza uma ameaça, mas parece "certamente belo, um círculo cinza fulgurante, como a lua cheia vista através de um binóculo". Quando ela está estendida em seu jardim recuperando-se, um bando de pássaros nas sorveiras-bravas lembra a imagem daquele tecido coagulado: os pássaros são "uma densidade em seus galhos". "Às vezes quase ouço uma música doce e primitiva", escreve ela em um de seus poemas, "ela é audível no espaço entre as folhas das sorveiras-bravas." Sons distantes do jardim lembram-na do "som de nós se desfazendo, o som da benigna indiferença do mundo". Uma pintura associada ao poema imagina sua cicatriz como um ramo de sorveira-brava, o texto coberto por camadas de gesso e gomalaca, depois lixado para novamente ganhar visibilidade, como se texto e folhas da sorveira-brava estivessem emergindo para uma nova vida. Outra imagem centra-se num verso de Robert Burns, "Colhes a flor, sua beleza se despetala", e inspirou a pintura de uma rosa-canina, modelada segundo o contorno da cicatriz de Jamie e emergindo de uma página manchada como a iluminura de um manuscrito medieval.

Uma característica do câncer de mama é a frequência com que se manifesta em muitos membros da mesma família, transmitindo-se de mulher para mulher por gerações. Jamie se recorda de se sentar nos joelhos de sua avó quando menina, aninhando-se nos seus seios. "Minha avó chamava seu seio de seu *breist*, seu colo de seu *kist*", diz ela em "Heredity 2". "'Vem mamar um pouquinho na vovó', dizia ela. 'Aconchegue-se, meu bem.'" A escultura associada de Collins chama-se "Kist". Foi

projetada como um "lugar de proteção", escreveu Collins, "um abraço feminino, um recipiente, uma caixa de costura, ou saia, que poderia manter a pessoa resguardada do mundo".

A última peça que Jamie e Collins criaram juntas imagina milhares de andorinhas-dos-beirais e andorinhas-do-barranco alimentando-se num rio, preparando-se para a migração do outono – elas "dão beijos de despedida no rio", assim como Jamie encerra seu verão de convalescença, "preparando-se, sentindo nos dias que se reduzem uma porta que devem transpor velozmente antes que ela se feche". Um período de cura pode ser visto não apenas como algo a ser suportado, mas como algo de que se agradecer: "Recuperar-se da operação foi uma espécie de beatitude", explicou Jamie em sua introdução à obra. "Ninguém queria nada de mim... caminhei à beira do rio e dormi bem como há muitos anos não o fazia."

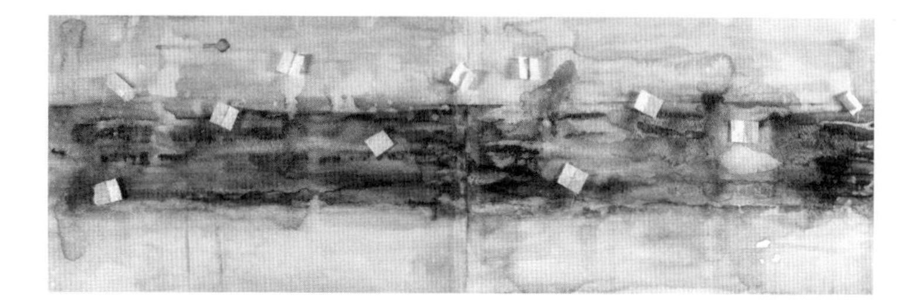

O nome "Frissure" foi cunhado por Collins para descrever o projeto. A cicatriz é uma fissura na pele, e, como Jamie explicou, "o corpo nu, marcado por uma cicatriz, certamente causa frisson". A maneira precisa como Jamie lida com a língua, e sua falta de sentimentalismo, permitiu-lhe tomar a ansiedade e a dor da recuperação de um câncer de mama e fazer delas uma celebração.

Quando fui levado para percorrer a clínica da mama, encontrando mulheres semivestidas numa sucessão de cubículos, meus professores pensavam que essa era a maneira certa de aprender sobre a "cura". *Frissure* ensinou-me uma lição para levar de volta à minha prática médica: a cura envolve restituição não somente de nossos mundos internos, mas um compromisso com o ambiente que nos sustenta.

Membros superiores

9. Ombro: armas e armadura

"Mas que são os homens senão folhas que caem de seus galhos sobre a terra?"

DISCURSO DE APOLO, *Ilíada*, Livro XXI, v.540

O CURSO DE MEDICINA de urgência muitas vezes me dava a impressão de estar sendo banhado por um mar de humanidade; meu livro-texto de bolso era um manual do piloto para marinheiros. Os próprios departamentos muitas vezes não tinham janelas, como a sala de máquinas de um navio, e o pessoal se movia em turnos, assim como os oficiais de ponte de serviço. Inscrever-se para o curso era um pouco como alistar-se nos fuzileiros navais: a estrita hierarquia do pessoal médico, seus uniformes alvos, seus códigos de comportamento, as farras alcoólicas depois do expediente.

Num dia, no turno da tarde, fazia sol lá fora, mas nas profundezas do departamento só havia luz artificial. O rádio berrava o alerta de que um motociclista ferido estava a caminho, de ambulância. O paramédico da ambulância, Harry, nos comunicou que, embora o motoqueiro estivesse respirando e consciente, seu ombro e o tórax haviam sido gravemente feridos. Harry era uma pessoa que eu passara a conhecer bem naquele departamento: aguerrido, cético, mas extremamente qualificado para dar suporte à vida em casos de trauma.

Alguns minutos depois da chamada pelo rádio, Harry entrou às pressas na sala empurrando o paciente. O motoqueiro tinha uma palidez lunar no rosto e cabelo preto à escovinha. Notei primeiro o colar de plástico rígido, depois a máscara de oxigênio, e em seguida, com alívio, que ele respirava por conta própria. Harry havia cortado a manga esquerda da jaqueta de couro para abrir lugar para um medidor de pressão sanguínea e um tubo de intravenosa (IV). Ele tinha colocado o braço direito do paciente numa tala porque a posição parecia errada – a mão direita pendia flácida em ângulo, como uma lança quebrada.

"Chris McTullom", disse Harry, "25 anos. Ele perdeu o controle da moto numa curva, indo a setenta ou oitenta quilômetros, eu diria. Bateu num tapume e passou por cima do guidom. Havia uma pilastra ao lado da estrada – creio que bateu nela com o ombro."

"Passou quanto tempo estendido?", perguntei.

"Só uns dez ou quinze minutos."

"Algum sinal de que perdeu sangue?"

Ele sacudiu a cabeça. "Nenhum. Ele recebeu um litro de fluido IV, a pressão é 100 por 60, a pulsação é 110. Nenhum ferimento. É um rapaz de sorte."

"Já disse alguma coisa?"

"Não muita. A Escala de Coma é 11, pupilas ok."

Olhei para Chris e comecei a examiná-lo: pescoço imobilizado, respirando bem e bastante oxigênio chegando aos pulmões. Sua pulsação era rápida, mas com bom volume, e não havia nenhum sangue vazando nos lençóis.* As pontas de seus

* Uma pessoa pode sangrar até a morte internamente sem que caia uma gota no chão: fraturas pélvicas, fraturas femorais ou sangramento para dentro do tórax ou do abdome podem causar perda de sangue interna suficiente para ameaçar a vida.

dedos da mão esquerda estavam rosadas e tépidas. Gritei em seu ouvido, "Chris!", e seus olhos se abriram, mas em seguida fecharam-se de novo. "Como está a moto?", gemeu ele de repente. "Minha moto..." Ele não apertou meus dedos quando lhe pedi que o fizesse, mas quando pressionei uma caneta com força embaixo de sua unha para checar a sensibilidade ele puxou a mão, praguejou e tentou me dar um soco com o braço bom. De pálido e inexpressivo, seu rosto começou a se encher de fúria.

"A Escala de Coma agora é 12 ou 13 – parece estar despertando."

McTullom estava se esforçando com raiva agora, tentando se levantar e sair da mesa, mas incapaz de fazê-lo por causa da dor no braço e os aparelhos na cabeça e no pescoço. Com a ajuda de Harry, mantive-o deitado e dei-lhe uma injeção de morfina. Ele caiu de volta num sono leve, e pudemos cortar a armadura protetora da manga direita da jaqueta. Não havia nenhum sangue na camiseta, mas o ombro direito parecia torcido – em vez de musculoso e quadrado como o do lado direito, era uma diagonal mole, inchada. Harry estava certo: ele devia ter atingido a pilastra com o ombro, batendo seu peso contra a clavícula. Depois que foi tranquilizado pela morfina, nós o viramos cuidadosamente sobre o lado esquerdo enquanto mantínhamos sua coluna reta, para ver se tinha algum outro ferimento na coluna vertebral. Tudo normal.

"Você pode me sentir tocando a sua mão?" – comecei a bater nos dedos de sua mão esquerda. Seus dentes estavam cerrados, mas ele tentou assentir com a cabeça – uma impossibilidade, com o colar cervical. "Não mova a cabeça, diga apenas uh-hum se puder me sentir."

"Uh-hum."

"E aqui?" Comecei a tocar seus dedos da mão direita. Nada.

"E aqui?" Comecei a tocar seu braço mais acima, perto do cotovelo, depois o ombro inchado. Nada – ele não podia me sentir tocando a pele. "Pode dobrar os dedos?", perguntei, pondo meus próprios dedos dentro de sua palma direita. Houve um ligeiro estremecimento quando ele tentou fechar o punho. "Bom. E dobrar o braço?" Nada. A raiva que ele mostrara poucos minutos antes começava a dar lugar a um medo sonolento, drogado.

"No que você trabalha?", perguntei-lhe.

"Soldado", respondeu ele. "Artilheiro..."

Quando os raios X chegaram, mostraram que sua clavícula direita estava despedaçada. Há uma fina rede de nervos atrás da clavícula, que emerge do pescoço e controla o movimento do braço e fornece-lhe as sensações. Ele não havia apenas quebrado o ombro na colisão; tinha paralisado o braço direito.

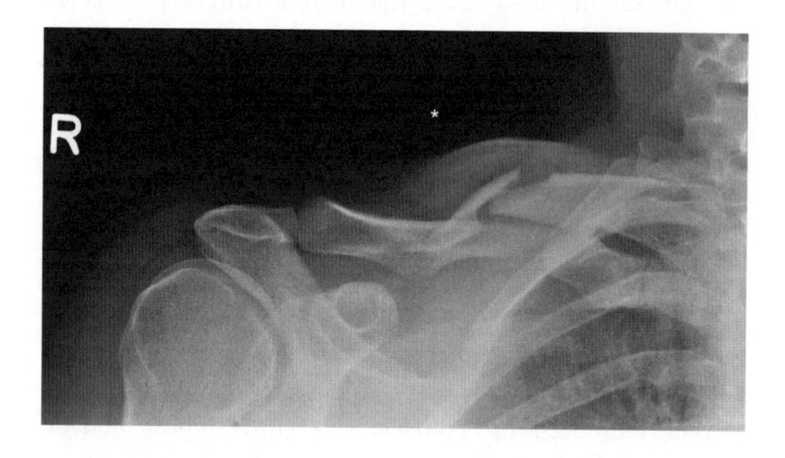

A CULTURA HUMANA EVOLUI com o drama da história, mas nossa anatomia, e as limitações que ela nos impõe, continua a mesma. A *Ilíada*, de Homero, foi escrita há quase 3 mil anos, narrando o cerco grego à cidade de Troia que pode ter ocorrido vários séculos antes disso. No Livro VIII há uma cena de luta intensa – Teucro está massacrando um grande número de troianos e sendo incitado por seu rei, Agamenon. "Lancei oito flechas e matei oito jovens guerreiros até agora", diz Teucro, "mas há um cachorro louco que não consigo atingir." O "cachorro louco" é Heitor, um príncipe troiano. A passagem seguinte merece ser citada na íntegra:

> Heitor saltou de seu carro de guerra com um forte grito, pegou uma pedra grande e correu diretamente para Teucro, furioso. Teucro tirou uma flecha da aljava e colocou-a sobre o arco, mas antes que pudesse apontar e disparar Heitor arrojou-lhe a enorme pedra; atingiu-o na clavícula, onde esta divide o pescoço do peito – um lugar fatal. Sua mão e seu punho foram paralisados pela pancada, e, quando ele tombou para a frente sobre os joelhos, o arco lhe caiu da mão.[1]

O irmão de Teucro, Ajax, correu e se postou sobre o homem caído, para protegê-lo de uma chuva de flechas. Mais dois de seus camaradas acorreram e o carregaram, "gemendo de dor", de volta à segurança dos navios gregos.

O autor da *Ilíada* era um observador surpreendentemente preciso da anatomia. Os campos de batalha da Antiguidade deviam ser lugares caóticos, repletos de corpos e encharcados de sangue. Os guerreiros e os poetas que seguiam o acampamento estavam habituados ao que hoje chamamos de "grande trauma", e podem ter desenvolvido seu próprio tratamento para lesões. Alguns entusiastas de Homero com qualificação médica chegaram a ponto de propor que ele era um antigo médico de campo de batalha.[2] Repetidos ao longo da *Ilíada* há meticulosos relatos de ferimentos com lança, choques de flecha e golpes de espada que tomam o cuidado não apenas de descrever a parte do corpo ferida, como também os efeitos fisiológicos desses ferimentos e, ocasionalmente, os tratamentos específicos.*

Quando Heitor paralisa o braço de Teucro atingindo-o "onde a clavícula divide o pescoço do peito", temos a descrição precisa de um truque usado por especialistas em artes marciais ainda hoje: o *brachial stun* ou "atordoamento braquial". Um golpe nessa área pode não apenas paralisar o braço temporariamente: se causar pressão em parte da artéria carótida, desencadeia um reflexo que desacelera o coração. Em indivíduos sensíveis, o coração pode se desacelerar em tal grau que a vítima cai inconsciente. Há inúmeros *brachial stuns* disponíveis na internet – vídeos caseiros de fuzileiros navais americanos praticando uns com os outros em seus quartéis, faixas pretas filmados no ringue, até policiais atacando seus suspeitos. Vendo-os, pensei em Teucro desabando no chão com o braço entorpecido, sem vida.

---

* Mas como o classicista K.B. Saunders observou com ironia: "Não espero que cada ferimento descrito por Homero seja realisticamente explicável. Deveríamos tentar chegar a alguma explicitação física dos eventos, se possível. Mas coisas miraculosas acontecem de fato na *Ilíada*... ferimentos miraculosos não deveriam ser uma surpresa para nós" (*Classical Quarterly*, v.49, n.2, 1999, p.345-63).

O NOME DADO à complexa junção de nervos atrás da clavícula é "plexo braquial", e quando a anatomia desempenhava grande papel na formação médica, todo estudante tinha de memorizar seu arranjo:

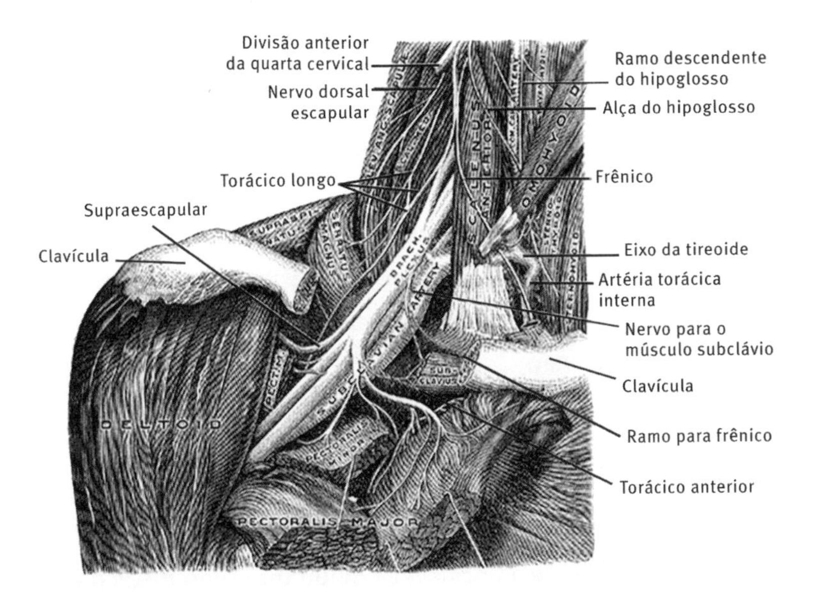

Cinco raízes nervosas oriundas de cinco vértebras no pescoço se unem para formar três "troncos" que se partem em seções anterior e posterior. Essas divisões executam uma elegante interfoliação uma com a outra antes de se trançar em três "cordões": "medial", "lateral" e "posterior". O cordão posterior supre aqueles músculos que *endireitam* o braço e o punho, bem como fornecem sensação ao dorso da mão e ao antebraço, enquanto os cordões medial e lateral ativam os músculos que *flexionam* o bíceps e o pulso e operam os pequenos músculos da mão.

O arranjo parece extremamente complicado, mas tem origem no modo como o braço se forma no útero. *Brachium* em latim tem a mesma raiz que *branch*, a palavra inglesa para "galho" ou "ramo" – ele começa como um botão, originando-se diretamente do tronco assim como o galho cresce a partir de uma árvore. Começa a brotar quando a gestação tem apenas quatro semanas, e durante as três semanas subsequentes divide-se numa mão rudimentar, antebraço e braço, depois gira noventa graus. É o movimento desses músculos à medida que o braço cresce e gira, e a origem fixa dos nervos no pescoço, que fornece a trama e a urdidura do plexo braquial. Homero não conhecia a origem do plexo, mas estava superciente de sua anatomia e da vantagem marcial que esse conhecimento podia proporcionar.

ENTRE A FORMAÇÃO EM medicina de emergência e aquela como clínico geral, trabalhei como oficial médico na Antártida. O British Antarctic Survey enviou-me como médico de um navio para navegar por toda a extensão do oceano Atlântico e terminar numa das mais remotas estações de pesquisa do mundo: Halley Base. A estação ficaria isolada durante dez meses do ano, que eu deveria passar lá como médico da base. A evacuação de vítimas de emergências médicas seria quase impossível durante esses meses, por isso, antes de assumir o posto, fui enviado para um hospital misto militar e civil para receber treinamento extra.

Os médicos militares me ensinaram como dar anestésico, arrancar dentes podres e realizar cirurgias de trauma simples, sem ajuda. Eu sempre desconfiara da medicina militar: unir-se a uma tropa de soldados decididos a matar e aleijar seus inimigos parecia contradizer todos os princípios éticos da prática médica. Hipócrates disse, "primeiro, não faça mal", mas uma leitura atenta de suas obras também revela: "Aquele que se tornar cirurgião deve primeiro ir para a guerra." Da Antiguidade até hoje, a guerra forneceu uma abundância de vítimas com as quais aprender: em medicina, como em outros campos de expertise, a prática faz a perfeição.

Os médicos militares me ensinaram como fazer meus próprios raios X com uma unidade portátil projetada para o campo de batalha, restabelecer ossos quebrados e furar buracos no crânio em casos de coma subsequente a ferimentos na cabeça – todas habilidades que eles aplicavam na guerra, mas das quais lhes parecia que eu poderia precisar na Antártida. Fui enviado a estabelecimentos militares tradicionais: anestesia dentária numa base da força aérea, logística num quartel de infantaria. Fiz um curso chamado "Operações de socorro em desastres", e sentei-me numa sala com trinta médicos, paramédicos e enfermeiros que haviam retornado recentemente de zonas de batalha. Aprendemos como construir postos de curativos perto de uma frente de batalha, cavar latrinas para combate ao cólera e outras coisas que poderiam ser mais úteis em expedições polares: comunicação por satélite, suporte à vida improvisado, como proteger medicamentos e equipamentos frágeis em trânsito. Desenvolvi um inesperado respeito pelos médicos militares e compreendi como seus predecessores fizeram avançar a nossa compreensão do corpo. A cirurgia antisséptica revolucionou as taxas de sobrevivência dos soldados durante a Guerra dos Bôeres e a Primeira Guerra Mundial, enquanto o advento dos antibióticos teve efeito semelhante na Segunda Guerra Mundial. Charles Bell tinha aprendido muito tratando dos soldados em Waterloo; o cirurgião romano Galeno fora médico dos gladiadores. Talvez o conhecimento anatômico revelado na *Ilíada* fizesse parte dessa longa tradição, muitas vezes não reconhecida.

A PALAVRA INGLESA *arms* tem duplo uso: partes de nossos corpos, os braços, e armas de guerra. *Armed* ("armado"), *armour* ("armadura"), *army* ("exército") – o vocabulário da língua inglesa presta testemunho da violência física, e a atitude da humanidade em relação à matança está inscrita em nossas figuras de linguagem. Uma pessoa perita em violência muitas vezes é conhecida como *a strong arm* ("um braço forte"), e soldados com uma causa comum são *brothers in arms* ("irmãos em armas"). Em latim, *armus* significa simplesmente "ombro", ao passo que *arma* pode significar qualquer arma, a partir de uma raiz que significa "aquilo que é encaixado".

Um historiador da medicina militar, P.B. Adamson, uma vez leu a *Ilíada* com mais cuidado e atenção do que a maioria dos cirurgiões aplica ao fechamento de lesões.[3] Embora reconhecendo que se trata de um poema épico, e não de um registro histórico, ele observou cada corte, juntamente com a arma que o desferira e se a lesão se revelara fatal. Em seguida comparou os resultados com exercício semelhante feito com a *Eneida*, de Virgílio, e concluiu que, no tempo da Guerra de Troia, as lanças eram as armas mais fatais, porém, no período romano, descrito por Virgílio, as espadas tinham a vantagem. As pedras eram a arma menos bem-sucedida em termos de matar pessoas – 41% daqueles atingidos por uma pedra acabavam mortos (a vida de Teucro não ficou em perigo quando seu braço foi paralisado – depois que Heitor o incapacita no Livro VIII, ele aparece de repente para lutar de novo no Livro XII). Ser um arqueiro, como Páris ou mesmo Teucro, é, de acordo com o subtexto da *Ilíada*, ser ligeiramente covarde – o arco ocasiona mortes a distância, além de ter pouca precisão: 74% de mortalidade em contraposição a 100% para a espada e 97% para golpes com a lança. Adamson comenta que, tanto na Antiguidade como hoje, a armadura estimula o combate feroz, porque é reforçada na frente, mas muito fraca na parte de trás. Virar-se no campo de batalha e correr foi sempre uma escolha mortalmente perigosa.

Adamson observou que as pernas raramente são feridas na *Ilíada*, porque os homens frequentemente lutavam enterrados até as coxas nos corpos de seus camaradas tombados, na parte traseira de um carro de guerra que lhes chegava até a cintura ou mesmo dentro da proteção dos cascos de seus navios. Ele nota também que a cabeça, o pescoço e o tronco são as partes do corpo alvejadas. Quando os membros superiores são feridos na *Ilíada*, geralmente é porque os braços estão suspensos em defesa, ou quando estão erguidos em gestos de violência. Esses padrões homéricos de ferimento ainda são encontrados todos os dias nos serviços de emergência: ao avaliar vítimas de violência doméstica, os médicos costumam verificar os antebraços das mulheres, pois são estes que suportam o impacto de evitar o agressor. Uma fratura no terço médio da ulna, o osso longo do antebraço, ainda é conhecida como "fratura de cassetete", porque é comumente encontrada naqueles que foram golpeados com o cassetete de um policial.

O padrão dos ferimentos descritos por Homero permaneceu semelhante, em linhas gerais, por quase três milênios após o cerco de Troia – só começou a mudar após a adoção generalizada da pólvora e a crescente distância entre os beligerantes que ela propiciava. Paradoxalmente, à medida que as armas se tornaram mais poderosas, as taxas de mortalidade começaram a cair. Adamson compara as taxas de mortalidade e de ferimentos descritos em textos antigos com aquelas coligidas em algumas das mais medonhas guerras dos séculos XIX e XX.

Apesar da estarrecedora sordidez e brutalidade da Guerra da Crimeia, a taxa de mortalidade por ferimentos foi de apenas 26% – 5,5 mil mortes entre 21 mil combatentes britânicos. As proporções foram semelhantes para as tropas britânicas na Primeira Guerra Mundial: de 2,25 milhões, pouco menos de 600 mil morreram em consequência de seus ferimentos. Adamson mostra que, na pior situação, a taxa de mortalidade para obuses e bombas é de 29% (Primeira Guerra Mundial), o que é menos que a taxa para pedras arremessadas descrita na *Ilíada*. A proporção de ferimentos sofridos nos membros versus aqueles de tronco e cabeça havia se invertido por completo: somente 20% dos ferimentos nas epopeias antigas eram infligidos aos membros, mas, no último século, ferimentos nos membros compunham de 70 a 80% de todos aqueles sofridos em combate. À medida que as armas se tornam mais sofisticadas, e matam a distâncias cada vez maiores, as mutilações dos membros dos soldados tornaram-se mais frequentes que as mortes.

HÁ VÁRIOS GRAUS de lesão no nervo. Se os nervos atrás da clavícula tiverem sido violentamente arrancados da medula espinhal, não há quase nenhuma chance de recuperação. Se tiverem se rompido, há uma pequena chance de cura, e os transplantes de nervos algumas vezes ajudam a recuperar uma função mais fraca. Os nervos, sob alguns aspectos, são semelhantes a fios de cobre envoltos numa bainha isolante plástica: um nervo severamente repuxado pode voltar a crescer se sua bainha exterior permanecer intacta e somente o "axônio" interior, correspondente ao cobre, tiver se partido.

Dois meses depois de seu desastre de moto, vi Chris McTullom esperando na fila para a revisão clínica neurocirúrgica. Ele ainda tinha o braço direito na tipoia. Os músculos do braço, que estavam tão moles e inchados, agora se mostravam murchos e flácidos, mas ele tinha recuperado algum movimento.

"Como está progredindo?", perguntei-lhe.

Ele tirou o braço da tipoia e flexionou lentamente o bíceps. "Está voltando", disse. "Ainda não estou apto a retornar ao serviço, mas talvez dentro de mais uns dois meses..."

"Que vai fazer então?", indaguei.

"Voltar para minha unidade", respondeu. "Afeganistão, provavelmente." Ele dobrou devagar os dedos da mão direita, rígida com a falta de uso, como se fosse apertar um gatilho.

A PALAVRA *arm* pode estar engastada nos termos da língua inglesa para armamento e violência, mas está também na raiz da linguagem usada para amizade e afeição. *Embrace* ("abraço") significa *in arms* ("em braços").

Quando os exércitos grego e troiano se encontram no Livro VI da *Ilíada*, o guerreiro grego Diomedes se vê enfrentando um troiano chamado Glauco, vestido numa armadura tão magnífica que Diomedes pensa que ele deve ser um dos deuses. "Que grande homem é você, entre nós mortais?", grita através do campo de batalha. "Diante da ameaça de minha lança de longa sombra você se mostra mais corajoso que os outros."

"Por que perguntar sobre minha ascendência?", gritou Glauco de volta. "Os homens são como folhas, eles caem no chão quando sua estação termina, e a primavera faz nascer novos brotos nas árvores. Assim as gerações dos homens morrem, mas novas gerações chegam para tomar seu lugar."

Contudo, depois de ter se negado a nomear seus pais, Glauco passa a descrever sua genealogia: ele é de linhagem grega; seu avô fora expulso da Grécia muitos anos atrás e se estabelecera nas terras dos troianos. Diomedes se dá conta de que seu avô e o avô de Glauco foram amigos, e, por causa dessa amizade, decide fazer as pazes: "Fiquemos longe das lanças um do outro na batalha – há muitos outros troianos para eu massacrar, se os deuses me permitirem sobrepujá-los, e muitos gregos para você matar, se puder."

Sem se envolver no inferno de morte que os cercava, os dois homens saltaram de seus carros de guerra e se abraçaram.

10. Punhos e mãos: perfurados, cortados e crucificados

"e (olhando para meu próprio pulso fino, raiado de veias)
Num tremor tão pequeno do sangue,
Todo o forte clamor de uma alma veemente
Pronuncia-se distinto."

ELIZABETH BARRETT BROWNING, *Aurora Leigh*

TURNO DE SÁBADO à noite no serviço de emergência: fim de semana após o dia do pagamento. As portas duplas que dão para a rua são como um bueiro, toda a loucura e todo o sofrimento humanos jorram por elas. No fim de meu turno, abro caminho até o vestiário entre senhoras idosas deitadas em macas, paramédicos em fila, prisioneiros algemados e policiais. Sirenes de ambulância se aproximam, um clamor de gritos chega da sala de espera, e, pelos ruídos na sala de ressuscitação, percebo que estão trabalhando numa parada cardíaca.

O vestiário não tem janelas. Roupas cirúrgicas verdes, lavadas, se empilham nas prateleiras, e um grande cesto de roupa suja apoia-se numa parede. As roupas são feitas de algum tecido sintético à prova de sangue, e, ao deslizar sobre minha cabeça, estalam de eletricidade estática. Abro o armário, jogo meu crachá lá dentro e desprendo minhas roupas dos tubos de sangue fora de uso, canetas, luvas cirúrgicas e tesouras descartáveis que se acumularam ao longo dos meses. Um colega está vestindo roupas cirúrgicas limpas, iniciando seu turno diurno de dez horas. "Boa sorte", eu lhe digo. "Vai precisar."

De pé no chuveiro, em casa, esfregando o sangue seco da bochecha e o cheiro de desinfetante hospitalar das mãos, faço um cálculo mental das pessoas que atendi durante a noite: as que tomaram overdoses e as intoxicadas; as psicóticas e as fraturadas; as queimadas e as convulsionadas. Visto dos corredores de um serviço de emergência, o mundo é louco, mau e, como disse o poeta, incorrigivelmente plural. "Como você aguenta isso?", perguntou-me um amigo. "Tantas das pessoas que você vê devem ter causado a própria desgraça." "Isso importa?", lembro-me de ter pensado. Poucos de nós conseguem ser quem quer. Gosto do fato de que no serviço de emergência a vida seja extrema, e não filtrada: não há tratamento preferencial para os que têm poder e dinheiro. Todos se sentam juntos nas mesmas cadeiras duras de plástico e levam pontos nos mesmos cubículos separados por cortinas. Há uma indiscutível democracia na triagem: a prioridade é concedida com base na necessidade médica, não na influência.

Uma vez fora do chuveiro, observo que são 9h da manhã e caio na cama tal como um marinheiro náufrago se jogaria numa praia. Tenho oito horas antes de voltar. Os turnos chegam numa maré incessante: turnos noturnos de catorze horas, turnos diurnos de dez horas, uns dois dias de folga e depois direto de volta para as noites. Durante o tempo em que trabalho em medicina de emergência de adultos faço meu relógio biológico retroceder cerca de 24 horas toda semana.

A ideia por trás de meu treinamento ali era aprender como lidar com todos os ferimentos e intoxicações que a humanidade pode infligir a si mesma, mas uma coisa para a qual não estava preparado eram as histórias. Quando desabo na cama, o corpo encolhendo de fadiga, o pescoço e os ombros já tensos à ideia do próximo turno, são essas histórias que me impedem de dormir.

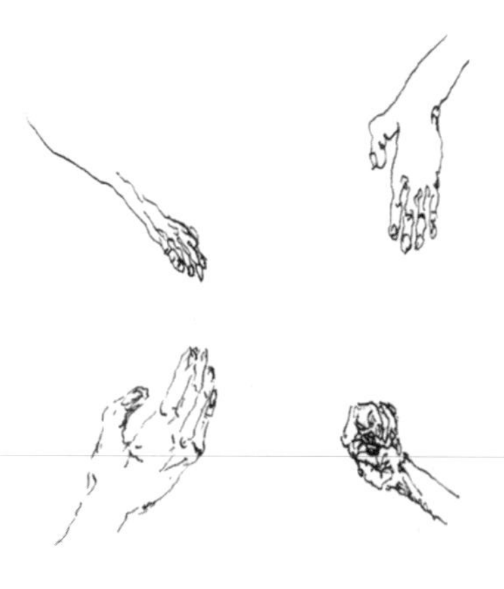

Um homem está deitado numa maca, tremendo, a camisola hospitalar cobre as pernas e o tórax. Sob o algodão institucional passado, seu corpo tem uma forma tonificada, atlética; pele curtida, a musculatura de alguém que não desperdiça sua mensalidade na academia. Na entrada de seu cubículo, dou uma olhada para a prancheta. "Sr. Adrianson?", pergunto-lhe. Ele assente com a cabeça e eu entro, fechando a cortina atrás de mim.

Panos de prato estão enrolados em seu antebraço esquerdo. Antes de um branco encardido, agora eles têm uma cor escarlate carregada e lustrosa. O de cima, uma lembrança de Majorca, está parcialmente desamarrado e se espalha frouxamente sobre seu cotovelo. O sangue corre livremente sobre sua pele como um pôr do sol molhado, empoçando-se na fenda formada pelas nádegas e o colchão de borracha da maca. "Estou sangrando", diz ele inutilmente quando estendo a mão para envolver novamente o braço com o pano e começo a apertar.

"Você vai ficar bem", digo, embora ainda não tenha nenhuma ideia do que há sob aqueles panos. Talvez não vá ficar bem; talvez as artérias estejam cortadas e os tendões também. Na curvatura incólume de seu cotovelo direito empurro uma cânula de calibre 16 – tão grossa e longa quanto um alfinete de chapéu – removendo a agulha de aço enquanto ajusto o tubo de plástico. Depois que as asas da cânula foram fixadas, extraio amostras de sangue para testes de hemoglobina e de compatibilidade, em seguida conecto um tubo de IV de substituto do plasma. "Você é canhoto?", pergunto. Ele assente com a cabeça. "Qual é seu trabalho?"

"Sou batedor de carteira", diz ele com um sorriso irônico, "por que isso lhe interessa?"

"Estou só verificando se você não é pianista de concerto."

"Caí de uma janela", diz ele, e desvia os olhos, embora os enfermeiros já tenham me contado outra história. Quando os paramédicos chegaram à sua casa, havia uma mulher soluçando num canto, que lhes contou que ele estava prestes a esmurrá-la, mas, em vez disso, esmurrara a porta. As vidraças da porta estilhaçaram-se, e me pergunto se ele fraturou os ossos da mão no soco. Enquanto aperto seu antebraço, levanto sua mão e olho para as pontas dos dedos: bem rosadas, de modo que há muito sangue chegando até ali. Aperto com força a almofada de seu polegar, solto a pressão e conto o número de segundos que ela leva para voltar a ficar rosada. Menos de dois segundos, por isso relaxo um pouco internamente. Os nós dos dedos estão em mau estado, porém, e como eu esperava, o dedo mínimo parece menor do que devia e está virado num ângulo anormal. Ele quebrou o osso da mão que o suporta: é uma "fratura de boxeador".

Enquanto aperto o antebraço, tentando fazer o sangramento cessar, penso em outra fratura de boxeador com que lidei na mesma semana. O metacarpo em questão pertencia ao punho de um carcereiro, e apenas momentos antes de avaliá-lo eu havia diagnosticado o queixo quebrado de seu prisioneiro. Os dois homens estavam sentados em cubículos adjacentes. A conexão entre as duas lesões era tão óbvia que parecia quase grosseria mencioná-la. O carcereiro me contara que estava interrogando o preso sobre um tumulto e tinha as mãos sobre o espaldar de uma cadeira, quando o preso chutara a mesa, que escorregou pelo assoalho e acertou em cheio suas articulações. "Há alguma outra maneira de a pessoa sofrer uma fratura como esta?", ele me perguntara, nervosamente.

"Não", eu respondera com firmeza. "Ela é chamada fratura de boxeador. Acontece quando uma pessoa soca uma coisa – ou uma pessoa – mais dura que seus punhos."

O sangue brotava mais devagar agora, por isso afasto o pano de prato e dou uma olhadela embaixo. Há uma longa fenda no antebraço estendendo-se até o punho, como se ele tivesse sido atacado por um leão. E dentro do ferimento estão seus músculos e tendões, brilhando.

Os enfermeiros já tinham pedido raios X, e depois de vê-lo sei que há uma espícula de vidro em forma de foice encravada em algum lugar no ferimento. Levanto a pele em torno desse ferimento agora, dando batidinhas com gaze à procura do pedaço de vidro. Finalmente o encontro, mais pelo toque que pela visão, raiado de fios de sangue coagulado e rasgando os tecidos como um espinho envenenado. Seguro o caco contra o tubo de luz fluorescente e depois vou até a caixa de luz onde as imagens de raios X estão exibidas. Os ossos do antebraço – o rádio e a ulna – estão delineados com fantasmagórica elegância, como se gravados em vidro. Posso ver que seu quinto metacarpo, o osso que sustenta o dedo mínimo da mão, está fraturado, mas não a ponto de eu ter de torcê-lo para colocá-lo no lugar. Seguro o caco contra a opacidade em forma de foice na caixa de luz e constato que as duas formas se correspondem perfeitamente.

"Boa notícia", digo a Adrianson. "Não há mais cacos de vidro."

Sento-me ao lado de sua maca com rodinhas e olho para os músculos de seu antebraço no ponto em que se unem perto do punho. Os tendões dos flexores superficiais dos dedos brilham na luz: as espessas tiras de colágeno são como o cálamo de uma pena, mas, no lugar das barbas e bárbulas, há carnudos feixes de músculo. Peço-lhe que dobre os dedos e me assombro ante a visão dos músculos enfeixando-se – a extraordinária complexidade dos sistemas de roldana que controlam os dedos. *Como somos mecânicos!* Os tendões estão todos intactos; ele pode apertar meus dedos com tanta força com os dedos da mão esquerda quanto com os da direita, e não vejo nenhum corte na superfície dos tendões enquanto eles aparecem e desaparecem.

"Quando vou poder ir para casa?", pergunta ele.

"Assim que eu tiver dado pontos nesses ferimentos e enfaixado seu dedo quebrado."

Como médico, falo o dia todo, colhendo história e dando explicações. Às vezes chego ao fim de um turno ou de um dia de atendimento na clínica e sinto necessidade de passar horas em silêncio, simplesmente para restabelecer o equilíbrio. O processo verbal do diagnóstico opera através de crivos de possibilidades, pergunta e resposta, ponderando e medindo as reações do paciente e decidindo quando continuar questionando e quando ir adiante. Essa é uma habilidade cujo desenvolvimento requer anos: a história médica pode demandar uma hora do estudante, porém, como clínico geral ou consultor especialista, temos de tomar uma decisão em minutos. Tarefas práticas como dar pontos em ferimentos ou engessar um membro quebrado oferecem a rara oportunidade de passar algum tempo conversando com o paciente sem essa urgência, sem dirigir a conversa para um objetivo. Há um profundo prazer em exercer uma habilidade que é puramente técnica, com pouco intelecto envolvido. Suturar é uma técnica, e, como toda técnica, pode ser bem ou malfeita. Fazê-la bem requer um nível de concentração que vem como um alívio após as constantes distrações do setor de emergência.

Preparo uma bandeja estéril de instrumentos e fio de sutura, seringas de anestésico local, limpo os ferimentos de novo com antisséptico e começo a suturar. É possível que ele precise de trinta ou quarenta pontos, de modo que isso pode levar algum tempo.

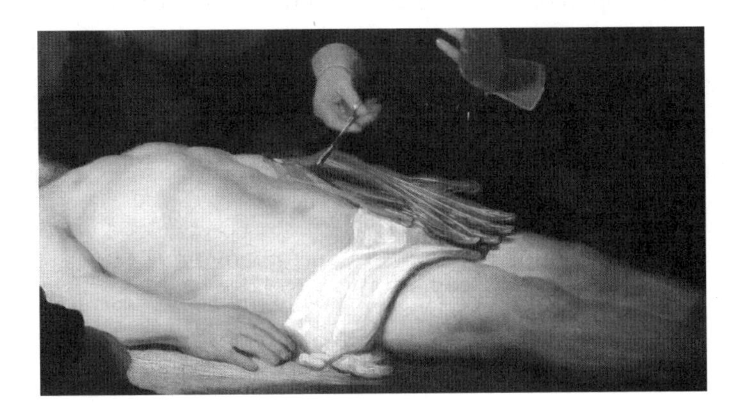

Na emergência, nunca vi uma pessoa morrer por ter aberto uma fenda nas artérias do pulso – geralmente ela não sangra o suficiente para correr risco de morte. A única pessoa que vi morrer após cortar sua artéria radial havia, além disso, levado uma faca à própria garganta e conseguido cortar também a carótida. As artérias têm somente dois ou três milímetros de largura no pulso e, quando cortadas, frequentemente se bloqueiam como autodefesa. Mas vi centenas de pessoas que arranham e cortam seus pulsos não necessariamente por força de um desejo de morrer, mas na tentativa de aliviar uma extrema angústia pessoal e demonstrar sua rejeição à vida que são obrigadas a viver.

Tentar cortar os próprios pulsos é uma maneira de atacar violentamente a vida: através do batimento cardíaco, a pulsação é emblemática da vida, testemunhando a força e o vigor dentro do corpo. É uma maneira comum de descarregar sentimentos de tensão: até 4% da população admite que se corta (o que é conhecido como "automutilação deliberada"), e embora o pulso seja o alvo mais popular, antebraços, pernas e quadris também são comumente atacados. Adolescentes admitem fazê-lo em proporções muito maiores, cerca de 15%, e as meninas têm mais probabilidade de se apresentar em busca de ajuda que os meninos.[1] Os cortes muitas vezes são provocados por sentimentos de extrema ansiedade ou sofrimento, temporariamente aliviados pelo ato de extrair sangue. Como um automutilador explicou: "Assim como o sangue, a raiva e a angústia também descem pela pia."[2] Um antropólogo que estudou o comportamento de automutilação chamou-o de "estratégia de retirada ou autodegradação usada para mostrar àqueles a quem amamos e obedecemos que fomos feridos por eles."[3]

Os automutiladores que vejo são frequentemente meninas adolescentes postas em situações impossíveis: pressionadas pelas expectativas dos pais, as exigências dos pares e a angústia relacionada, em parte, ao luto pela perda da infância e em parte pela busca de uma identidade adulta. Cortar-se transmite a profundidade do conflito que sentem, mostrando a suas famílias e amigos quão abomináveis se sentem por dentro. "A comunicação do sofrimento emocional pode resultar em validação desse sofrimento", escreveu um grupo de pesquisadores sobre automutilação deliberada, "e a demonstração da severidade dos problemas pode promover a ajuda ou manter um relacionamento valioso."[4] Dessa perspectiva, cortar-se é uma decisão racional.*

Em sua maior parte, as meninas adolescentes que vejo não sofreram maus-tratos sistemáticos e torturantes nas mãos daqueles que deveriam cuidar delas, mas o abuso na infância com frequência é o precursor desses cortes: o fato de ter sido vítima de abuso quando criança multiplica por quatro as chances de que a pessoa se automutile quando adulta. Quando encontro pessoas que se automutilam na clínica, procuro esclarecer se foram ou estão sendo vítimas de abuso, mas não sei qual a probabilidade de admitirem isso para mim.

No serviço de emergência há um "cubículo psíquico": uma sala com mais privacidade que os espaços usuais, fechada com cortina de pano e desprovida de tudo que poderia ser trans-

---

* Uma estratégia para reduzir a formação de cicatrizes da automutilação deliberada é estimular seus praticantes a, em vez disso, manter um cubo de gelo contra a pele até que ela doa, ou machucar a pele esticando e soltando uma tira de elástico posta em volta do punho.

formado em arma. É revelador que a sala em que avaliamos os pacientes mentalmente doentes seja a mesma que reservamos para os prisioneiros. Ela tem duas portas, de modo que o paciente não possa se interpor entre nós e a saída, e ambas podem ser trancadas.

Melissa usava tênis baratos de plástico, calça de *jogging* cor-de-rosa suja e um suéter disforme com a palavra *Gorgeous* ("Deslumbrante") escrita no peito. Seu cabelo castanho-claro estava sujo e os olhos brilhavam de pânico. Eu tinha pegado sua ficha na parede do lado de fora – ela trazia seu nome, data de nascimento e o endereço de um "alojamento de apoio social" nas proximidades: um lugar onde pessoas com problemas graves de saúde mental podem viver de maneira quase independente, auxiliadas por pessoal treinado e assistentes sociais. No alto da ficha o enfermeiro da triagem escrevera apenas "DSH".*

Ela se sentou no "cubículo psíquico" olhando para o piso, verificando e voltando a verificar os curativos nos antebraços. Tinha as mangas da blusa arregaçadas até os cotovelos para deixá-los mais à mostra. Havia cinco ou seis curativos em cada antebraço e, espalhando-se a partir das margens, eu podia ver cicatrizes antigas: a superfície da pele era encrespada e fendida como mármore não polido.

"É porque sofri abuso", foi a primeira coisa que ela disse.

"Isso é horrível", falei. Às vezes essa é a única coisa a dizer.

"Foi meu avô. Ele está morto agora. Teve o que mereceu."

Ela se cortara apenas meia hora antes, e o sangue ainda passava através dos curativos.

"Eu não impedi isso. Devia ter impedido. Sou tão estúpida."

---

* Iniciais de *deliberate self-harm*, ou automutilação deliberada. (N.T.)

Suspirei e sacudi a cabeça. "Quantos anos você tinha quando começou?"

Ela deu de ombros. "Dois? Três?"

"Então você era apenas uma menininha, como poderia ter impedido? Não foi culpa sua." Ficamos sentados em silêncio por alguns momentos. Lá fora eu ouvia o retinir das macas com rodinhas e a chegada das sirenes de ambulâncias. "Que comprimidos você está tomando?"

"Não quero nenhum comprimido."

"Você tem dormido?"

"Não durmo há três dias."

"Bem, eu poderia lhe dar alguma coisa para ao menos dormir e descansar."

Ela assentiu com a cabeça.

"Vai me deixar dar uma olhada em seus cortes?"

Ela concordou e estendeu os dois antebraços. Comecei removendo os curativos: os cortes eram apenas esfoladuras rasas, não profundas o bastante para precisar de esparadrapos especiais, muito menos para agulha e sutura. Comecei a lavá-los devagar e a cobri-los com novos curativos.

"Você veio ao hospital por sua própria conta, e fez muito bem", eu disse. "Sabia que precisava de ajuda."

Com as meninas adolescentes, algumas vezes só de ter os cortes reconhecidos por aqueles que as cercam é suficiente – o hábito cessa quando a família muda as próprias atitudes, ou a menina alcança uma idade em que as tensões da adolescência começam a se resolver. A angústia de Melissa tinha origens muito mais sinistras: senti-me inteiramente incapaz de ajudá-la.

Outra noite de fim de semana, tão movimentada que os pacientes estão fazendo fila fora da sala de espera e ao longo do corredor. Há pessoas aguardando há seis horas para ser atendidas. No posto da enfermagem há um rádio sintonizado com o sistema de ambulâncias; a polícia e os paramédicos usam-no para alertar o serviço quando múltiplas vítimas de acidentes ou em estado muito grave estão a caminho. Ele toca: um som como o de uma buzina que faz até o pessoal mais experiente pular.

"Grande acidente de trânsito na periferia da cidade", diz a voz no rádio, e solicita uma ambulância equipada para transportar dois médicos até a cena do acidente. O pessoal das ambulâncias não pede isso com frequência, porque retira dois médicos da emergência, mas, se há vítimas presas num veículo, requisitá-los pode salvar vidas.

Não irei; fui alocado na área de pequenos ferimentos esta noite. Mas, com apenas cinco médicos em vez de sete na emergência, o tempo de espera vai aumentar ainda mais. Preparado para a fúria que está prestes a desabar sobre mim, paro no vão da porta da sala de espera para avisar os pacientes.

"Neste momento a espera para ser atendido é de seis horas", grito, "mas dois médicos acabam de ser chamados para lidar com outra emergência fora daqui, por isso, vai demorar mais tempo. Se você acha que pode ir passar a noite em casa e ser atendido amanhã, por favor, apresente-se."

A sala de espera fica em silêncio; todos se mantêm firmes e me fuzilam com os olhos. Na primeira fila posso ver uma moça com um saco de ervilhas congeladas no tornozelo, um homem segurando um pano contra o olho, uma senhora idosa com uma esfoladura na testa – mas todos já estão esperando há algumas horas, e ninguém quer se levantar primeiro. Depois de alguns momentos, um homem lá nos fundos, usando macacão e botas de trabalho, se levanta. Ele é jovem – trinta e poucos anos –, tem longas costeletas e um belo narigão. Está com a mão enrolada numa toalha de praia velha. "Provavelmente posso voltar amanhã", diz ele. Enquanto fala, seu pomo de adão sobe e desce como uma boia.

Levo-o para o cubículo adjacente. Ele me diz que seu nome é Francis, e quando desenrolo a toalha dou um pulo para trás: há um prego atravessado na palma de sua mão.

"Há um prego atravessado na sua mão", digo-lhe, inutilmente.

"Eu sei."

"O que aconteceu?"

"Eu estava trabalhando tarde da noite em casa, estava ficando cansado… e disparei a pistola por engano." O prego está limpo, tem cerca de dez centímetros de comprimento; os ferimentos de perfuração são nítidos dos dois lados, com um halo de sangue seco. Ele ri: "Tive sorte por não ter disparado direto dentro da madeira, ou eu poderia ainda estar lá, pregado numa viga, como Jesus."

DENTRO DA PALMA da mão há quatro ossos – os metacarpos –, um para cada dedo. Um quinto osso suporta a base do polegar. Entre cada osso estão os delicados nervos que fornecem sensibilidade aos dedos, alguns vasos sanguíneos e também os músculos que separam os dedos ou os juntam estreitamente (os músculos que dobram e endireitam os dedos situam-se no antebraço, não na mão). As bases metacarpais estão ligadas aos ossos do punho por ligamentos duros, contudo, mais para fora, perto dos dedos, elas são sustentadas de maneira bastante frouxa. É perfeitamente possível disparar um prego através da palma da mão sem causar nenhum grande dano: os nervos são estreitos e correm perto do osso, e os principais vasos sanguíneos correm num amplo arco da base da mão à base do polegar, para fora da palma. Disparar um prego através do punho é outra questão: o punho tem uma estreita e seminal complexidade de nervos, vasos sanguíneos e ossos entrelaçados. Francis podia estar brincando ao falar em crucificação, mas se alguém quisesse pregar uma pessoa num pedaço de madeira não o faria na palma da mão. As mesmas características anatômicas que permitem a um prego passar sem causar sério dano significam que as estruturas da mão não são fortes o suficiente para suportar o peso do corpo. Os tecidos se rasgariam e a mão ficaria solta – mutilada e inútil, mas solta.

Os dedos de Francis se dobravam normalmente, e seu tato estava incólume: nenhum dos nervos ou tendões fora atingido pelo prego. O sangue fluía para os dedos, como devia. Os raios X da mão mostraram o prego passando lindamente entre os ossos metacarpais, como se disparado através das barras de uma jaula.

Depois de limpar seus ferimentos, enviei-o para os cirurgiões plásticos. Eles iriam remover o prego numa sala de cirurgia, para examinar adequadamente o furo e se assegurar de que não restara nenhum fragmento. Por mais cuidadosamente que fechassem o ferimento, Francis ficaria com estigmas de ambos os lados da mão; um lembrete vitalício da noite em que quase ficou preso numa viga.

NOS ANOS 1930, um fervoroso cirurgião francês chamado Pierre Barbet tornou-se apaixonadamente fascinado pelos detalhes da crucificação. Para testar se a mão podia suportar o peso do corpo, ele fez experimentos pregando cadáveres numa cruz de madeira. Conjecturando sobre o peso de Jesus e a posição dos braços em relação ao torso durante a crucificação romana, calculou que os pregos deviam ter sido martelados através dos pequenos ossos do punho, e não na palma. Esses ossos do pulso – os "carpos" – são mantidos muito estreitamente juntos por ligamentos; Barbet descobriu que se pregasse seus cadáveres pelos punhos, e não pelas palmas, eles não se desprendiam.[5]

Pierre Barbet publicou seus experimentos sobre a crucificação de um corpo humano nos anos 1930, mas em 1968, numa caverna fúnebre perto de Jerusalém, foi encontrado o esqueleto de um jovem que tinha sido crucificado durante o período

romano. Um prego de cerca de onze centímetros tinha sido cravado do lado exterior do osso de seu calcanhar direito – o calcâneo –, e vestígios de madeira de oliveira, presumivelmente usada na estaca vertical da crucificação, foram encontrados perto da cabeça do prego.

Afirmações dramáticas foram feitas após o achado – a primeira evidência direta de crucificação romana –, e o professor de anatomia da Universidade Hebraica sugeriu que um único prego fora cravado através de ambos os pés, que os antebraços tinham sido pregados e que as pernas da vítima tinham sido quebradas enquanto ela ainda estava viva, num golpe de misericórdia.[6] Quinze anos mais tarde, dois colegas céticos – Joseph Zias e Eliezer Sekeles – reexaminaram os restos e chegaram a conclusões diferentes:[7] o prego fora passado apenas através de um calcanhar – o direito (o outro osso do calcanhar fora perdido) – e os braços não mostravam nenhum sinal de que tivessem sido pregados. Eles concluíram que a crucificação, tal como praticada pelos romanos, envolvia a amarração dos braços a uma viga transversal com *corda* e a fixação de cada calcanhar com prego a uma vara vertical. Oliveiras costumam gerar vigas retas de apenas dois a três metros no máximo, e assim as vítimas não deviam ser erguidas muito alto.

A ideia de que a crucificação romana ocorria através das palmas é tão lugar-comum na cultura ocidental que "estigmas", o desenvolvimento de chagas que sangram nos pontos do corpo onde Jesus teria sido pregado, emergiram ao longo de todo o último milênio. Li sobre a ocorrência delas nas palmas, nos pulsos e no flanco (onde se diz que Jesus foi apunhalado), e até nos pontos mais altos dos pés. Nunca ouvi falar de ocorrerem no lado exterior do calcanhar, e ainda estou para ver alguém disparar uma pistola de pregos através do próprio calcâneo.[8]

Abdome

11. Rim: a suprema dádiva

> "Hoje é possível dizer que as vidas estão conectadas, por transplante, através dos limiares da vida e da morte."
>
> Alec Finlay, *Taigh: A Wilding Garden*

Nos contrafortes indianos do Himalaia há um hospital tibetano que serve à comunidade em torno da residência do dalai-lama. Entre meu treinamento em medicina de emergência e o início na clínica geral, trabalhei lá por alguns meses, lidando com lepra, mordidas de cachorro, tuberculose, disenteria e ferimentos da população tibetana local. Era um hospital geral que não negava atendimento a ninguém, e o trabalho envolvia fazer o parto de muitos bebês e cuidar de duas enfermarias cheias, bem como de pacientes ambulatoriais duas vezes por semana. Com a ajuda de intérpretes, esforcei-me para compreender cinquenta ou sessenta refugiados recém-chegados, a maioria dos quais sofria de dores de cabeça por estresse, nostalgia de casa ou diarreia. Ocasionalmente havia um ocidental desolado na fila, pálido e emaciado com a disenteria contraída tomando água não filtrada. "Quero viver como as pessoas do lugar", diziam eles; eu os informava de que as pessoas do lugar também tinham disenteria.

Havia uma alternativa ao hospital: logo adiante na estrada ficava o Instituto Médico e Astrológico Tibetano. A medicina tradicional tibetana é um sistema antigo envolvendo a manipulação de cinco elementos e três humores – práticas que evocam perspectivas védicas e hipocráticas sobre o corpo. Aqueles pacientes com dores vagas e constelações incomuns de sintomas, que não conseguíamos compreender, muitas vezes se davam bem com os médicos tibetanos tradicionais. Com frequência sinto o desejo de ter uma clínica semelhante um pouco abaixo de meu consultório na Escócia.

Por curiosidade, visitei o instituto, um grandioso prédio caiado situado entre pinheiros, na crista de uma serra que descia do Himalaia. Grandes gráficos do corpo humano estavam pendurados nas paredes, no interior, cobertos por meridianos e tramas de linhas, como os contornos e quadrículas num mapa. Algumas vezes eu compreendia a lógica de um tratamento tibetano em particular, mas em geral ela era um mistério – minha compreensão do corpo não concordava com a deles de maneira nenhuma. Se os rins não estavam funcionando, por exemplo, os médicos tradicionais pensavam que era porque os órgãos estavam frios demais. O diagnóstico "rim frio" era uma doença por si só, chamada *k'eldrang*. O tratamento de *k'eldrang* envolvia evitar o frio ou assentos úmidos, as tensões nas costas e certos alimentos considerados perigosos por suas propriedades refrescantes. Em casos graves, era recomendada a moxibustão, uma prática antiga, com raízes na medicina chinesa, que usa a queima de ervas para aquecer a pele sobre meridianos específicos.

Os costumes tibetanos de peregrinação incluem o transporte de pedras de um lugar para outro pela paisagem. Essa é uma prática que reconheci da Escócia, onde caminhantes muitas vezes deixam pedras no alto de uma subida particularmente difícil ou divertida. Certa vez, ao visitar as salas de oração de um mosteiro tibetano, vi um velho monge tocando um peregrino na cabeça e nas costas com uma pedra especial – era lisa, escura e tinha o formato de um rim. Perguntei o que estava sendo feito. As pedras podem curar, disseram-me; seu toque pode reequilibrar o fluxo de energia dentro do corpo.

A medicina tradicional tibetana parecia ter algum sucesso, mas eu duvidava que pedras sagradas proporcionassem bons resultados contra doença dos rins ou falência renal.

A compreensão ocidental do rim demorou a se formar. Os rins filtram a urina a partir do sangue, até Aristóteles sabia disso, mas até o século XV um dos grandes anatomistas do Renascimento, Gabriele de Zerbis, ainda pensava que a metade superior do rim acumulava sangue, depois a filtrava através de uma membrana esticada no meio do órgão. Anatomistas como ele tinham cortado rins humanos e não podiam ter visto tal membrana, porque ela não está ali. Talvez *quisessem* tanto acreditar nela que a viam.

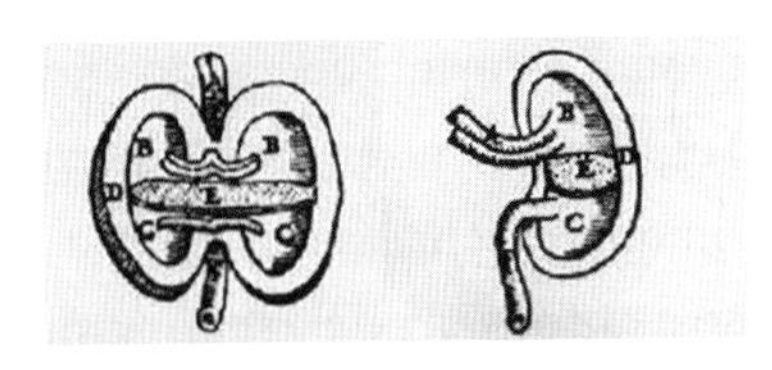

De Zerbis era professor em Pádua, no nordeste da Itália, e escreveu um dos primeiros tratados sobre a medicina da velhice – *Gerentocomia* – no fim do século XV.[1] Para retardar o avanço da ancianidade, ele aconselhava viver num lugar com exposição para o leste (o nordeste da Itália, talvez?), abundância de ar fresco e comer uma combinação de carne de víbora, um destilado de sangue humano e uma mistura de ouro em pó com pedras preciosas. Considerado em todo o Mediterrâneo oriental um especialista no tratamento médico de idosos, De Zerbis foi chamado a Constantinopla em 1505 para tratar um membro da elite otomana. O velho otomano morreu, e por isso De Zerbis foi preso, torturado e serrado ao meio, exatamente como um dos rins que dissecava.

O sucessor de De Zerbis em Pádua foi Vesalius, holandês que promoveu uma revolução na anatomia e na medicina (naquele tempo, havia pouca distinção entre as duas). Vesalius deu um passo inovador ao descrever o que *via*, em vez daquilo que os livros-texto, alguns dos quais remontando aos tempos romanos, lhe diziam que *devia* ver. Ele cortou rins pela metade e não enxergou nenhuma membrana. Ainda achava que os rins filtram o sangue de alguma maneira; apenas admitiu que não sabia como o faziam.

Ninguém chegaria mais perto do verdadeiro mecanismo até que os microscópios se tornaram comuns, 150 anos depois, seguindo os avanços na tecnologia de lentes e prisma. Na década de 1660, as lentes estavam operando transformações na compreensão do espaço interno e externo: perto de Cambridge, Isaac Newton, em quarentena da peste, usou seu tempo para demonstrar como a luz do Sol podia ser fragmentada em cores por um prisma, e formulou suas leis da gravidade. Em Londres, Robert Hooke publicou sua *Micrographia*, que mostrou a assombrosa complexidade de pequeninas estruturas cotidianas como piolho, pedaços de rolha e olhos de mosca (ele cunhou a palavra "célula" como unidade básica da vida, porque ao microscópio elas pareciam celas de monge). Por volta da mesma época, o professor de medicina Marcello Malpighi, em Pisa, usou o microscópio para demonstrar como sangue e ar não se misturavam livremente nos pulmões, mas eram apenas postos em grande proximidade. Ele também revelou como capilares no rim formavam pequeninas estruturas semelhantes a peneiras. Viu que a porção central, pálida, do rim era composta de massas de túbulos; quando espremidos, esses túbulos produziam um líquido que tinha um gosto exatamente igual ao de urina (antes dos laboratórios de bioquímica, a análise de substâncias muitas vezes cabia à língua).

Foram necessários mais 250 anos – até o início do século XX – para se compreender a função do rim: a maneira como os vasos sanguíneos renais formam um agrupamento de capilares que filtram toxinas para um receptáculo na cabeça de cada túbulo. Em matéria de função vital, essa é uma das mais simples que o corpo desempenha, mesmo assim, as sutilezas do processo provaram-se diabolicamente difíceis de compreender.

Reproduzir a função do rim parecia sedutoramente simples: a primeira tentativa de construir um rim artificial ocorreu já em 1913. A máquina foi posta à prova com cães, usando-se um

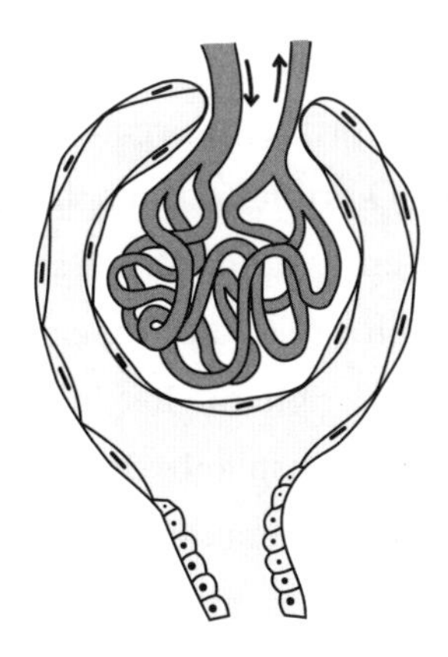

extrato de sanguessugas em pó para evitar a coagulação do sangue em seu interior. Trinta anos mais tarde, um médico holandês, Willem Kolff, inventou a primeira máquina de "diálise" renal que funcionava para seres humanos. Ela filtrava artificialmente toxinas do sangue – ele não patenteou sua máquina, porque queria que os outros a desenvolvessem e a tornassem mais amplamente disponível.

Kolff trabalhou inicialmente sob ocupação nazista, mas, em segredo, era membro da resistência. Sua primeira máquina usava o recém-inventado celofane de fabricantes de salsicha, latas de suco de laranja e uma bomba-d'água que ele obteve de um concessionário da Ford, mas aprimorou-a o suficiente para que, em 1945, a máquina salvasse a vida de uma mulher de 67 anos. Em 1950 ele emigrou para os Estados Unidos e desenvolveu ainda mais o processo. Enquanto trabalhava em sua máquina de diálise, e outros pacientes com falência renal começavam a se beneficiar dela, algo quase milagroso aconteceu: o transplante bem-sucedido do rim de um corpo para outro.

A aparente simplicidade da função renal levou à ideia da construção de um rim artificial, e a simplicidade da anatomia renal – uma artéria, uma veia e apenas uma saída para a urina – significa que ele foi o primeiro órgão a ser considerado candidato a transplante. O primeiro transplante de rim em seres humanos foi tentado em 1951, mas fracassou porque o sistema imunológico do receptor rejeitou o "tecido estranho" do rim do doador. Em 1954, no Brigham Hospital de Boston, esse problema foi evitado pelo transplante de um rim entre gêmeos idênticos, um dos quais sofrera dupla falência renal. Como o corpo do receptor era geneticamente idêntico ao do doador, não houve rejeição. Aquela era a primeira vez na história que um órgão passava com sucesso de um corpo para outro.* Os vinte anos seguintes assistiram a um enorme avanço na compreensão do sistema imunológico e no modo de melhorar a tolerância do receptor ao tecido estranho transplantado. No fim dos anos 1970, essas operações entre indivíduos geneticamente dissimilares já eram quase triviais.

O TECIDO CEREBRAL SÓ pode sobreviver por alguns segundos sem sangue, mas o tecido renal é muito mais resistente – se mantido frio, um rim extraído pode sobreviver por doze horas ou mais (embora, quanto mais rapidamente seja transplantado, melhor). Isso significa que os rins podem ser retirados de alguém recém-falecido ou com morte cerebral, ou mesmo de um doador vivo, a muitas centenas de quilômetros do lugar onde alguém espera para recebê-lo. Atualmente bancos de dados nacionais emparelham receptores e rins disponíveis; o perfil imunológico de cada um é comparado, de modo que as chances de rejeição sejam minimizadas. O rim para o primeiro transplante que vi tinha chegado por via aérea de uma cidade a 480 quilômetros de distância. Seu antigo dono morrera naquela manhã, e o rim foi transportado para a sala de operações numa caixa de poliestireno resfriada.

Entre mim e o cirurgião encontrava-se Ricky Hennick, um homem na casa dos trinta anos que havia sofrido falência total

* O transplante de pele já havia demonstrado para os cirurgiões que a transferência de tecido entre gêmeos idênticos era tolerada sem "rejeição" pelo receptor.

dos rins muitos anos antes, em consequência de infecções. Ele fora mantido vivo durante aqueles anos por diálise. Apenas seu abdome inferior era visível entre as pilhas de tecido verde; não o cortaram nas costas, onde seus rins cicatrizados se localizavam, mas no lado inferior do ventre, fazendo a abertura para uma cavidade chamada "fossa ilíaca esquerda". Há boas razões para isso: ao inserir o novo rim, não há nenhuma razão para retirar os "velhos". O acesso à fossa ilíaca é relativamente fácil, e há artérias e veias largas às quais o novo rim pode ser conectado. O cirurgião havia aberto um orifício na fossa ilíaca logo acima dos vasos ilíacos. Eles tinham sido separados dos tecidos, levantados em alças e fechados com grampos de metal. Um dos enfermeiros abriu a caixa de poliestireno e olhei para dentro dela com assombro; o rim estava frio, encolhido e de um cinza-escuro – dificilmente reconhecível como órgão. Ele foi levantado e confortavelmente acomodado no buraco no abdome de Hennick. Um assistente, um dos médicos seniores do departamento, pingou uma solução gelada na cavidade para impedir que seus tecidos se aquecessem à temperatura do corpo.

A artéria e a veia ilíaca de Hennick, bem como a artéria e a veia do novo rim, foram unidas com caprichados pontos de bordado. Depois o cirurgião respirou profundamente, estendeu os braços como um mágico de palco e me disse: "Você está prestes a testemunhar a mais maravilhosa visão na história da medicina."

Ele removeu os grampos da artéria e da veia em sequência, e o sangue de Hennick começou a forçar a entrada no rim murcho. Cada batida de seu coração, visível no bombeamento das artérias, fazia o rim intumescer. Era como observar um processo de reanimação: uma refutação da morte. À medida que crescia, a superfície sucumbida do rim, cheia de pequenas endentações, começou a se preencher ganhando um tom rosa luminoso. O cirurgião segurou a uretra (o tubo que leva urina para a bexiga) do novo rim, e observei quando uma gota de urina começou a crescer na ponta cortada. "Está funcionando", disse ele, triunfante. "Agora podemos costurá-lo na bexiga."

A bexiga de Hennick tinha sido cheia com uma solução antibiótica por meio de um cateter, e sua superfície exterior fora despojada de gordura. Fez-se um túnel através de seus tecidos exteriores, com cerca de 2,5 centímetros, e a uretra passada através dele. Na outra extremidade do túnel fez-se um furo para a bexiga, e a uretra foi costurada na extremidade livre. O cirurgião pôs um tubo plástico de drenagem limpo na cicatriz que tinha feito no abdome de Hennick, depois fechou os músculos e a pele.

A operação estava encerrada: Hennick ficaria livre da diálise pelo resto da vida, embora fosse depender de remédios poderosos para evitar a rejeição do novo rim por seu próprio sistema imunológico.

Um transplante de rim bem-sucedido é um triunfo e uma celebração, mas é realizado muitas vezes graças a uma tragédia. Até recentemente, rins para transplante eram obtidos em grande parte dos mortos. Estar envolvido num transplante bem-sucedido é agridoce; o alívio de uma vida que foi salva é ofuscado pelo pesar de uma vida perdida. Lembro-me de um que produziu resultado positivo para vários receptores, embora de maneira catastrófica para o doador.

Aquele era o turno da noite, 3h da madrugada, num serviço de emergência de província. Paramédicos estavam a caminho com uma adolescente inconsciente que sofria um severo ataque de asma. Eles tinham introduzido um tubo em sua traqueia para ajudá-la a respirar, mas mesmo com essa ajuda não conseguiram fazer com que o ar se movesse livremente através de seus pulmões. Quando ela chegou estava azul, e seus pais foram introduzidos rapidamente na sala ao lado. Iríamos trabalhar para salvar a filha deles com apenas uma fina parede divisória nos separando. Gases anestésicos podem muitas vezes relaxar os pulmões, mas com ela não fizeram nenhuma diferença. Tentamos instilar medicamentos para alargar suas vias aéreas; tubos de oxigênio de alto fluxo; paralisar seus músculos – mas tudo fracassou. Dentro de minutos seu coração começou a bater de forma irregular. Todos os clínicos estavam agitados, incapazes de aceitar que uma mulher tão jovem estivesse prestes a morrer. Movíamo-nos confusos em volta dela, lançando rápidos olhares para uma tela onde seus batimentos começavam a escassear, e depois a enfraquecer.

Ela perdeu a pulsação. Minha lembrança dos trinta minutos seguintes é nebulosa: injeções de adrenalina, compressões do peito, atropina para acelerar o músculo do coração. Duas vezes seu coração entrou em espasmos de atividade elétrica caótica e foi preciso ministrar choques com o desfibrilador, e da segunda vez a pulsação voltou. A alegria foi seguida por um crescente sentimento de horror: o coração podia ter recomeçado a bater, mas as pupilas não respondiam mais à luz. Ela recuperara a pulsação, mas havia sofrido uma lesão cerebral grave. Telefonei para o hospital municipal mais próximo, e sua equipe de tratamento intensivo tomou providências para ir buscá-la.

Seus pais também eram jovens; deviam ser quase adolescentes quando ela nasceu. Sentei-me, lívido, e expliquei com o maior tato e a maior verdade possíveis que o coração dela havia parado, que havia sido posto de novo em movimento, mas que seu cérebro já não funcionava adequadamente. Contei-lhes que ela seria transferida para uma UTI, e eles poderiam viajar com ela. Não consigo me lembrar dos detalhes do que eu disse, mas, quando o pai conseguiu responder, a generosidade espontânea e transcendente de suas palavras assombrou-me: "Se ela não voltar, acha que pode ajudar outras pessoas?", perguntou. "Acha que ela poderá doar os rins?"

A moça não se recuperou na UTI, e depois de cerca de 24 horas foi "transplantada". Seus rins foram para dois adultos diferentes, em extremidades opostas do país. Suas córneas restabeleceram a visão de alguém que tinha ficado cego. Seu fígado foi para um alcoólico recuperado. Seu pâncreas e seu intestino delgado foram para um adolescente que sofria de uma doença genética rara, significando que ele não podia absorver os alimentos. De seus grandes órgãos, somente o coração e os pulmões – que a haviam trazido às portas da morte –, e o cérebro – que havia penetrado demais na escuridão para retornar à luz –, foram enterrados com ela.

O TRANSPLANTE DE RIM é singular porque, como temos dois órgãos, um único rim pode ser doado em vida causando apenas um desconforto relativamente pequeno para o doador. No passado, essas transferências de rins se davam em sua maior parte entre irmãos, pais e filhos, mas agora não precisa mais ser assim. Avanços na tipagem de tecidos podem emparelhar órgãos compatíveis através de populações enormes, e a aceitação do transplante como um bem social significou mais doações entre indivíduos que não são parentes sanguíneos. Esses "doadores vivos não aparentados" são responsáveis atualmente por cerca de metade de todas as operações de transplante de rim no Ocidente, e ocorrem entre estranhos. Desde 2011, no Reino Unido, existe um sistema de "doação compartilhada" pelo qual alguém pode doar o rim para um indivíduo não aparentado e desconhecido, e depois outros podem doar, num círculo de doação que pode ser tão amplo quanto o número de participantes alinhados. Os computadores emparelham os indivíduos compatíveis.

B poderia querer doar seu rim à sua esposa, C, mas não há compatibilidade entre os dois, ela precisa receber um de A.

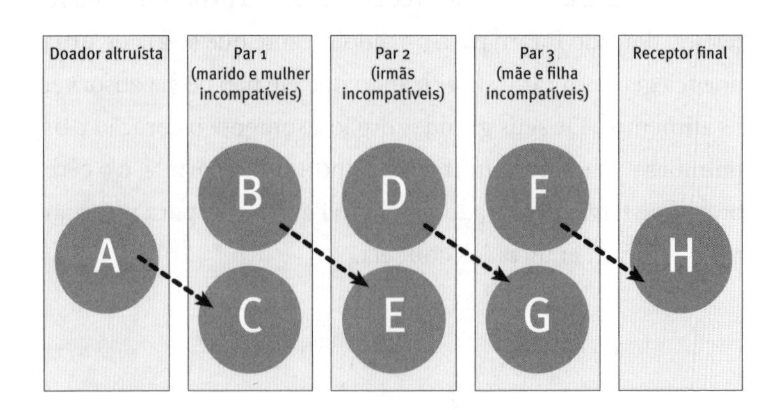

Como sua esposa está recebendo um rim, B pode escolher doar seu rim a E. A irmã de E (D) doa um rim para G, e a mãe de G (F) doa para H, e assim por diante. Basta apenas um doador altruísta para dar início ao círculo de doação – neste caso, A –, alguém que doa seu rim a um estranho sem expectativa de benefício para si mesmo.

David McDowall é parte dessa nova tendência na obtenção de rins para transplante no Ocidente – o círculo de doação que pode ser iniciado com uma doação altruísta. Nós nos conhecemos por intermédio de amigos comuns numa época em que ele se recuperava da cirurgia. "Eu estava simplesmente cedendo uma parte sobressalente do corpo da qual alguma outra pessoa poderia fazer bom uso", disse-me ele. "Não foi um grande inconveniente para mim, mas poderia ser um salva-vidas para outra pessoa."

David nunca esteve com a pessoa que agora tem seu rim, e, por causa da rigorosa legislação que envolve a doação de órgãos no Reino Unido, nunca o fará. "O risco de passar pela operação era muito pequeno, e, além disso, qual é o sentido de uma vida isenta de riscos?" David é professor e historiador, agora na casa dos sessenta, especializado em Oriente Médio. "Tive encontros muito mais próximos com a morte quando trabalhava no Líbano", disse ele.

David vinha pensando em doar um de seus rins desde que leu um artigo no jornal sobre a possibilidade de fazê-lo. Vários anos antes, estivera perto da morte, com uma úlcera de estômago hemorrágica, e teria morrido sem transfusão. A doação era para ele uma maneira apropriada de restituir uma oferta ao sistema que havia salvado sua vida (transfusões de sangue são gratuitas no Reino Unido – historicamente, uma maneira muito mais usual de doar tecido corporal). Quando seu neto nasceu com uma doença potencialmente fatal que exigiu cirurgia, seis semanas de tratamento intensivo e vários meses de recuperação hospitalar posterior, ele sentiu o impulso de se comprometer a ir em frente. "Nessa altura eu sabia que devia fazer isso", disse-me ele. "Era uma espécie de ação de graças – mesmo que meu neto tivesse morrido, eu ainda o teria feito, pois a decisão de doar já fora tomada. Tendo dito isso, eu estava agudamente consciente de tudo que os serviços de saúde tinham feito." Ele escreveu para o Hammersmith Hospital em Londres, oferecendo-se para doar um de seus rins, e pouco mais de um ano depois estava na mesa de cirurgia.

Eu lhe disse que ouvira falar de pessoas, em particular as que tinham sido remuneradas pelo rim, que mais tarde haviam lamentado a decisão – a experiência lhes parecera mais amedrontadora e mais dolorosa do que tinham previsto. "Essa não foi minha experiência de maneira alguma", explicou ele, "a principal dificuldade, a princípio, foi simplesmente me virar na cama por causa do desconforto da cicatriz, mas isso passou muito depressa." Ele sofrera a operação às 9h da manhã, e nessa mesma noite dera seus primeiros passos. "Um médico inteligente me explicou que, quanto mais cedo eu estivesse andando, mais cedo sairia do hospital", disse ele, "assim, no dia seguinte eu andei, andei e andei, segurando o suporte para o soro. Fui transferido para uma enfermaria comum – passei a noite quase em claro –, e eles me deixaram sair no dia seguinte." Ele tinha passado pouco mais de 48 horas no hospital.

"Está curioso de saber quem tem seu rim agora?", perguntei-lhe.

"Claro!", disse ele. "Mas compreendo por que não devem me contar. Eu detestaria que alguém se sentisse desconfortável, ou com algum tipo de obrigação." Ele ficou pensativo. "Quando caminho pelas ruas da cidade, saber que posso estar passando por alguém que está com o rim, que eu poderia até conhecê-lo e nunca saber, isso é um prazer."

Na Europa é comum pôr pedras em terrenos elevados em atos de comemoração, mas no Tibete os memoriais nos topos de morros são mais explícitos. O método tradicional para a remoção de corpos ali é o "enterro celestial": os ossos dos mortos são quebrados em pedaços e deixados na encosta de uma montanha para os abutres. É uma maneira conveniente de remoção em lugares em que o solo é fino demais para se cavar sepulturas, e uma maneira de reconhecer que é somente através da morte de coisas vivas que outras vidas se sustentam. O solo em volta dos sítios de enterro celestial fica coberto de ossos humanos, lembrando aos viajantes a impermanência de todas as coisas.

Tal como os europeus criam marcos de pedra para guiar os viajantes, os tibetanos constroem pilhas de pedras ao longo de rotas tradicionais de peregrinação. Essas rotas são como meridianos sobre a paisagem; à medida que se deslocam pelos caminhos, os peregrinos carregam pedras de uma pilha para outra. Assim como mover pedras especiais em círculos sobre os doentes pode ser visto na medicina tibetana como um caminho para uma espécie de cura do corpo, também a circulação de pedras sobre a paisagem, carregadas nas mãos e nos bolsos de peregrinos, pode ser vista como um caminho para a cura do espírito.

Pedras curativas não são exclusivas do Tibete: na cidade de Killin, na Escócia, há uma coleção de oito pedras consideradas consagradas a são Filan, um sacerdote celta do século VIII. A tradição afirma que uma pessoa pode pegar a pedra que mais se assemelhe a seu órgão doente e esfregá-la no próprio corpo. Os visitantes podem ir ao antigo moinho em Killin, o primeiro dos quais teria sido fundado pelo santo, e levar as pedras na mão. Uma parece um rosto, outra é marcada como as costelas, a terceira tem um umbigo, como um ventre. Há uma que é escura e particularmente lisa, e se assemelha a um rim humano.

O poeta e artista Alec Finlay tem interesse por essas pedras sagradas, e combinou isso com seu fascínio por cirurgia de transplante. Ele foi encarregado pelo governo da Escócia de criar um memorial nacional "para doadores de órgãos e tecidos", no Royal Botanic Garden de Edimburgo. Construiu um *taigh* tradicional, uma casa gaélica com telhado de turfa, como as encontradas nas Terras Altas da Escócia – construções que outrora ofereciam abrigo para peregrinos, pastores e eremitas. Visitando-o, lembrei-me dos marcos de pedras e das regiões montanhosas do Tibete. Os *taighs* nem sempre eram construídos para servir de abrigo: alguns eram construídos para ritual e para alojar pedras sagradas.

"Senti que o memorial precisava tornar manifestas qualidades de interioridade e abrigo", escreveu Finlay. "Eu queria que houvesse algum tipo de morada protetora para os sentimentos daqueles que estavam sofrendo... uma câmara para a memória dos mortos, mas, estando num jardim, ela poderia reunir um sentido de crescimento floral e luz."

No telhado de seu *taigh*, Finlay pôs uma série de pedras, inspiradas pelas de Killin, representando doações de órgãos dos mortos aos vivos, mas também doações dos vivos para que as vidas de outros pudessem ser aliviadas. No assoalho da estrutura havia uma cavidade oca na pedra, lisa e côncava como uma pia batismal, e em volta dela um simples poema de nove palavras* gravado num anel, repetindo-se interminavelmente:

A intenção de Finlay foi celebrar a rememoração e a santidade, e explorar maneiras pelas quais o corpo e suas lembranças podem se integrar a uma paisagem. Mas ele queria também que o memorial reconhecesse que o transplante é um fenômeno novo, só possibilitado pelos avanços de alta tecnologia na ciência médica: "Não há nenhum tratamento curativo que esteja mais próximo de um milagre secular", disse ele sobre a cirurgia de transplante – um milagre operado por meio de expertise médica e cirúrgica, e não de fé no poder curativo das pedras. No telhado do *taigh*, acima do chão, ele tinha posto pedras simbólicas de órgãos transplantados, mas sob o *taigh* enterrou uma arca de madeira, representativa dos mortos que se tornaram doadores, para reconhecer que o mais significativo é muitas vezes invisível. À tampa da arca enterrada, prendeu

* Em português o poema teria oito palavras: "Nada que termina com uma doação terminará em." (N.T.)

um bisturi e uma caixa do medicamento usado para impedir a rejeição do órgão transplantado.

Para preservar o anonimato, e enfatizar o quanto temos em comum, Finley escreveu à mão os primeiros nomes de todos os doadores de órgãos na Escócia num livro, interligando cada nome aos outros através de uma série de poemas entrelaçados. O memorial no jardim botânico reconheceu a paisagem física à nossa volta – montanhas e florestas, marcos de pedra e enterros celestes –, mas também a paisagem social de conexões humanas a que estamos presos.

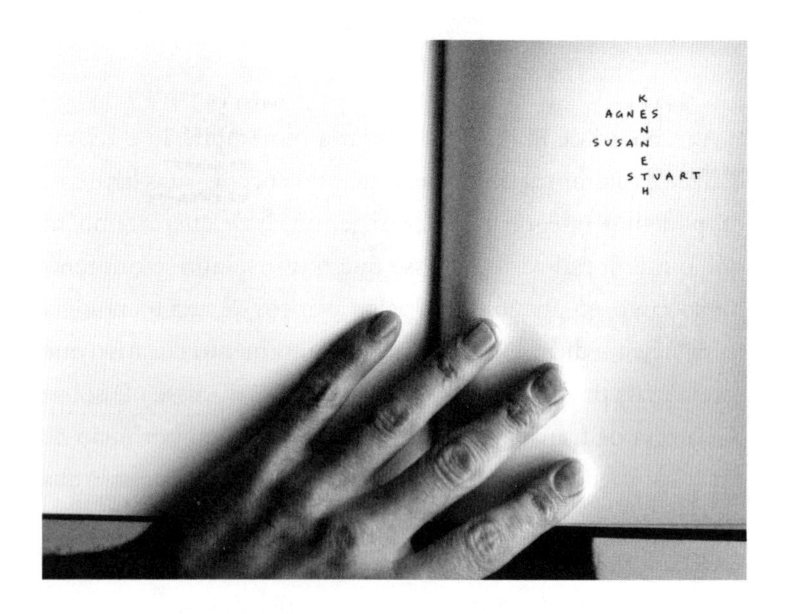

12. Fígado: um final de conto de fadas

"Finalmente ela chamou um Caçador e disse: 'Leva a criança para a floresta; não porei os olhos nela novamente; deves matá-la e me trazer seus pulmões e o fígado."

Branca de Neve, *Contos de fadas de Grimm*

Hoje em dia resultados de exame de sangue tendem a chegar por computador, mas, quando eu estava começando na medicina hospitalar, eles chegavam duas vezes por dia da sala de correspondência, em maços de papel cor-de-rosa, amarelo e verde. Uma de minhas tarefas era examinar os papéis e depois assiná-los para acusar o recebimento. Se os resultados mostrassem que uma mudança de antibiótico era necessária, ou que os rins de um paciente haviam falhado, era da minha responsabilidade – como a pessoa que assinara os papéis – fazer alguma coisa a respeito.

Cor-de-rosa era para a hematologia, arrolando a concentração, maturação e níveis de hemoglobina das células de sangue de cada paciente. Amarelo para a microbiologia, detalhando cada vírus ou bactéria que o laboratório tinha conseguido isolar. Verde era para a bioquímica, e listava aquelas substâncias que dão indicações sobre fígado, tireoide e função renal, bem como os níveis de sais do organismo. Cada qual era tabulada verticalmente numa grade, de modo que se podiam discernir tendências no decurso dos dias.

			Blood	Blood	Blood	Blood	Blood
Urea	mmol/L	2.5-6.6	4.4	4.8	4.2	5.0	
Creatinine	umol/L	60-120	70	76	74	72	
eGFR (/1.73m2)	ml/min				72		
eGFR (/1.73m2)	ml/min					>60	
Sodium	mmol/L	135-145	139	141	141	139	
Potassium	mmol/L	3.6-5.0	3.6	3.5	3.9	3.2	
TCO2	mmol/L	22-30	27	25	25	25	
Glucose	mmol/L				5.0		5.8
Glucose spec.	type				FASTED		RANDOM
Bilirubin	umol/L	3-16		6	9	8	
ALT	U/L	10-50		22	22	22	
Alk.Phos	U/L	40-125		73	83	86	
GGT	U/L	5-35		40	40	37	
Albumin	g/L	35-50		42	43	40	
Cholesterol	mmol/L			5.8	6.0	5.0	
Triglyceride	mmol/L	0.8-2.1		2.2	2.6	3.0	

Os "testes de função hepática", ou "LFTs",* podiam ser os de interpretação mais difícil, e são mal denominados – eles não dão muita indicação sobre a função do fígado. Em vez disso, medem substâncias que estão comumente contidas no tecido hepático, mas que vazam no sangue proporcionalmente ao grau em que o órgão está irritado ou inflamado. Seria mais exato chamá-los de "testes de inflamação hepática". Um deles, "gama glutamiltransferase", ou GGT, eleva-se em particular quando o fígado está inflamado por álcool ou cálculos biliares. Outro é "alanina transaminase", ou ALT – que tem maior probabilidade de se elevar na hepatite ou quando drogas ou o sistema imunológico ataca o tecido hepático. O fígado é um órgão misterioso: essencial à vida, múltiplo em suas ações, tem um tecido incomum quanto à capacidade de se regenerar. Ele desintoxica o sangue e despeja substâncias químicas indesejadas na bile. Outra de suas muitas funções é criar proteínas de que o corpo precisa: uma medida disso é o nível de "albumina" no sangue. A albumina mostra quão bem o fígado consegue gerar proteínas, mas também quão bem nutrido é o indivíduo.

* Iniciais da designação em inglês: *liver function tests.*

Se a pessoa está passando fome, ou seu fígado está falhando, os níveis de albumina começam a cair.

NIAMH WHITEHOUSE ESTAVA com vinte e tantos anos, era uma mulher pequena e asseada, com cabelo negro e orelhas pontudas de duende. Ouvi a história de sua vida, e de sua doença, de uma de suas colegas de trabalho. Ela cresceu em Edimburgo, filha única, e perdeu o pai quando tinha sete anos. Quando a menina tinha catorze anos, sua mãe casou-se de novo, e Niamh fugiu de casa – posteriormente perdeu todo contato com a família. Ela sempre gostara de ficar ao ar livre, e após alguns anos perambulando em Londres voltou para a Escócia. Encontrou um emprego como jardineira numa mansão e trabalhou lá alegremente por vários anos, raramente deixando a propriedade.

Um dia, quando cavava canteiros de rosas, arranhou a mão num espinho. O ferimento sangrou, mas ela não deu muita importância. Na manhã seguinte à do arranhão, não se sentiu bem – estava tonta e vacilante, com febre e dor nos músculos. Teve de parar de trabalhar cedo e voltou cambaleando para seu chalé. Perguntou a si mesma se estaria gripada. Quando o jardineiro-chefe chegou, na manhã seguinte, para supervisionar seu trabalho, ela mal conseguiu chegar até a porta. "Fique de cama hoje", ele lhe disse. Mais tarde espiou pela janela e a viu caída no sofá. Como não respondeu quando ele bateu na vidraça, arrombou a porta e chamou uma ambulância.

Encontrei-a na unidade de terapia intensiva, paralisada e no respirador, com tubos plásticos penetrando nariz, boca, pescoço, punho, antebraço e bexiga. Seus olhos estavam fechados com fita adesiva para proteger as córneas, e ela tinha fios no peito para registrar cada pulsação. Um clipe de plástico projetava uma luz vermelha através da pele do lobo de sua orelha – isso fornecia uma leitura contínua do nível de oxigênio em seu sangue. Ela jazia em meio a uma floresta de suportes que gotejavam um coquetel de antibióticos, substituto do plasma, transfusões e drogas para fortalecer o coração. Seu cabelo se espalhava pelo travesseiro como um halo preto. Durante a luta para lhe enfiar agulhas, algumas gotas rubras de sangue haviam escorrido pelo seu pescoço e manchado os lençóis do hospital.

Bactérias no espinho da rosa, chamadas estafilococos, tinham penetrado em sua corrente sanguínea e começado a se multiplicar. Toxinas que se derramavam das bactérias destruíam o controle normal, harmonioso, de suas funções orgânicas. Logo depois que ela desabara, seu sangue tornara-se incapaz de regular como e quando coagular: manchas escarlates de hemorragia brotavam através da pele de seu tronco e de seus membros, enquanto outras partes de sua corrente sanguínea começavam a coagular e a privar os tecidos de oxigênio. Pequenos aglomerados de proliferação bacteriana começaram a escapar para os dedos das mãos e dos pés, causando manchas enegrecidas nas pontas como a praga que deixa as extremidades das folhas marrons. A pressão sanguínea é geralmente mantida pelos tecidos de nossas artérias e veias, mas substâncias químicas produzidas pelo conflito entre seu próprio sistema imunológico e as bactérias começaram a afetar esses tecidos. Em consequência, os capilares de Niamh tornaram-se gotejantes: sua esbelta figura ficou tão inundada de humores quanto a margem de um rio durante a cheia.

A princípio a infecção proliferou só na corrente sanguínea, mas depois algum desequilíbrio lançou-a violentamente sobre os outros órgãos. Proteínas mensageiras de seu sistema imunológico começaram a confundir os alvos, e células do fígado foram apanhadas no fogo cruzado. Observei o progresso desse dano colateral nas folhas verdes da bioquímica. A albumina começou a cair; à medida que as células em seu sangue passaram a se desintegrar, a hemoglobina dentro delas foi metabolizada num resíduo corporal: "bilirrubina". Seu fígado em falência não podia processar a bilirrubina em bile, ou descarregá-la da maneira usual na vesícula biliar, por isso a concentração dela no sangue começou a subir. A bilirrubina amarelava e enrijecia a pele de Niamh com a icterícia, como se seu corpo estivesse se autoembalsamando por dentro. Seu GGT e em seguida ALT começaram a subir; primeiro para dobrar os limites normais, depois para quadruplicá-los e mais.

Duas vezes por dia, na ronda da enfermaria, eu me reunia com meus superiores para examinar as grades de números, tentando prever o caminho de recuperação, ou reunir alguma esperança a partir das tendências. Como ela continuava deitada na cama, tinha-se a impressão de que estava num estado de animação suspensa, mas, na verdade, cada dia a levava mais para perto da morte.

Antes que se soubesse que o coração é uma bomba, acreditava-se que o sangue era criado no fígado, e fluía de lá para o coração numa torrente impelida pela força de sua própria geração. No coração ele era misturado com espírito vital proveniente dos pulmões e depois dispersado para os tecidos, onde era consumido. Como fonte do sangue, e portanto da vida, o fígado era um símbolo de poder e mistério – pensava-se que seu exame revelava segredos sobre o futuro. Trata-se de um órgão vasto, sólido, a maior das vísceras abdominais, com conexões de grande calibre com os ventrículos do coração e o sistema intestinal – não admira que se pensasse que encerrava o segredo da vida. Para Shakespeare, a quantidade de sangue no fígado de uma pessoa dizia alguma coisa sobre a força vital dentro dela: "Se o abrir e encontrar em seu fígado mais sangue do que há no pé de uma pulga, comprometo-me a comer o resto da anatomia."[1]

Tão remotamente quanto na antiga Babilônia, os fígados de animais sacrificados eram examinados em razão de seu poder de predizer acontecimentos. Esse método de adivinhação está bem documentado na Bíblia: o livro de Ezequiel descreve um rei planejando seu movimento seguinte pelo exame de um fígado. Um sacerdote que previa o futuro a partir da observação do fígado era conhecido como harúspice: "Porquanto o rei da Babilônia fará uma parada exatamente onde partem as suas estradas para sortear qual dos caminhos tomar. Ele lançará a sorte usando uma flecha dentre duas, retirada da aljava. Em seguida consultará seus ídolos de família e a aparência do fígado de uma ovelha."[2]

Outro mito do Oriente Próximo, o de Prometeu, parecia reconhecer que o fígado é o único órgão inteiro capaz de regeneração. O castigo de Prometeu por ter roubado o fogo dos deuses foi ser acorrentado a uma rocha e ter águias lhe arrancando pedaços do fígado, atacando assim a origem da sua vida. Todo dia o órgão voltava a crescer, prolongando sua tortura.

A prática de adivinhar o futuro a partir do fígado não era restrita às culturas mediterrâneas e do Oriente Próximo: o historiador romano Tácito escreveu em *Anais* sobre a maneira como os europeus do norte sacrificavam seres humanos, às vezes examinando as "entranhas palpitantes" para prever o futuro – e não eram avessos a comê-los também. Até hoje, "eu gostaria de comer seu fígado" é uma expressão afetuosa desde os rincões orientais do Irã até territórios tão a oeste quanto as planícies da Hungria. Pode haver ecos de canibalismo na maneira de falar do Irã e da Hungria, mas, no norte da Europa, a tradição relatada por Tácito desapareceu em grande parte do vernáculo. Mas não inteiramente: nos contos folclóricos recolhidos por Jacob e Wilhelm Grimm há ecos do costume de comer o fígado, bem como do uso de entranhas para prever o futuro.

Na história de Branca de Neve, cuja primeira versão foi publicada pelos irmãos Grimm em 1812,* não é o exame de entranhas que produz conhecimento sobrenatural, mas um espelho mágico – que lembra a ansiosa consulta dos reis babilônios a "imagens". Nas primeiras versões, Branca de Neve tem apenas sete anos quando sua beleza supera a de sua mãe, a Rainha. "Cada vez que ela olhava para Branca de Neve", diz a história, "seu coração palpitava em seu peito, tal ódio sentia pela menina." Ela ordena a um caçador que leve sua filha em-

---

* A primeira versão em 1812 foi destinada para um público de maneira geral acadêmico. Para a segunda edição, algumas histórias foram suavizadas (por exemplo, "mãe" canibal substituída por "madrasta") e foram omitidas referências explícitas à sexualidade e à gravidez.

bora e a mate, levando-lhe de volta entranhas – os pulmões e o fígado – como prova do assassinato.

É curioso que o fígado e os pulmões fossem escolhidos como evidências, e não a cabeça da menina, ou o coração, ou mesmo seu cadáver. Perguntei a Marina Warner, eminente estudiosa que trabalha com mitos e contos de fadas, por que ela achava que as entranhas, e em particular o fígado, tinham sido escolhidas na versão original da história de Branca de Neve. "Entranhas fornecem sinais", disse-me ela, "e as semelhanças da Rainha má com uma bruxa são realçadas por sua proximidade com um harúspice pagão nesse aspecto, talvez." O caçador não suportou matar Branca de Neve, claro, por isso apresentou os órgãos de um porco, e não os dela. Segundo a história original dos Grimm, a Rainha os inspecionou, ficou satisfeita e em seguida os comeu "com sal e cozidos". Com um conhecimento melhor de anatomia comparada, ou mesmo do abate de animais, a Rainha teria percebido que fora enganada – fígados de porco são mais cheios de grumos que os nossos, cujos lobos são relativamente lisos.

Quando descobre que Branca de Neve ainda está viva (e morando com os sete anões), a Rainha má se veste como uma velha megera e lhe entrega três presentes venenosos. O último deles é uma maçã, a ruína de Eva: símbolo do conhecimento no mito do Gênesis (e na tampa *flip-top* de computadores pessoais). Branca de Neve ingere o veneno e cai em estado de coma – quase como se estivesse sofrendo de envenenamento do sangue.

Dessa vez os anões não conseguiram ressuscitá-la, embora "ela parecesse tranquila, como se estivesse viva, com suas lindas faces rosadas". Puseram-na num caixão de vidro para conti-

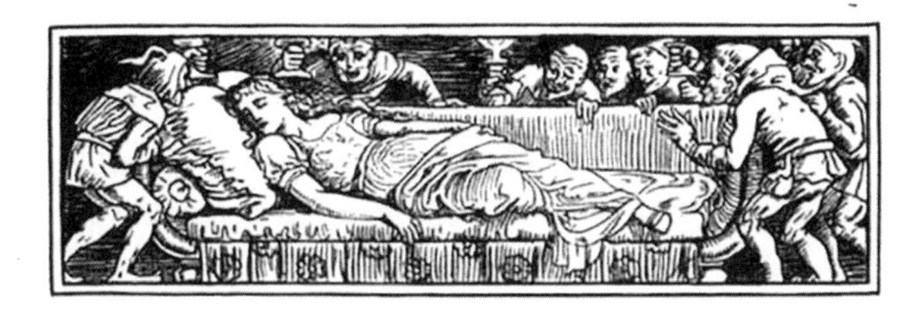

nuar admirando-a e porque parecia uma pena enterrar uma menina tão linda e vívida.

Branca de Neve é uma das muitas "belas adormecidas": lindas jovens que caem dormindo como se estivessem mortas em contos de fadas e mitos europeus. A primeira bela adormecida é encontrada num conto francês do século XIV, *Perceforest*, e assim como a história original de Branca de Neve é muito mais lúgubre e inquietante que as versões que chegamos a conhecer. Na Bela Adormecida original, a menina é estuprada durante o coma e depois dá à luz sem despertar. Numa versão napolitana do século XVII, Bela Adormecida dá à luz gêmeos que recebem os nomes de Sol e Lua, um dos quais a desperta, ao sugar um fio envenenado da ponta de seu dedo.

Em Branca de Neve, o coma da menina é interrompido não pelo tradicional beijo do príncipe, mas pelo deslocamento de um pedaço da maçã envenenada de sua garganta. É como se o envenenamento e o coma tivessem sido um tempo de transição; ela joga fora seu caixão de vidro e, como uma borboleta escapando da crisálida, emerge na maturidade e prontamente concorda em se casar com o príncipe.

Há uma fascinação duradoura, intrigante, nas histórias dessas belas jovens passivas, comatosas. As histórias são carregadas de simbolismo sobre a maturação da sexualidade, embora os significados atribuídos ao sono das meninas pareçam mudar com o tempo. Elas estão sendo continuamente recontadas e atualizadas para a nova geração, seja em filme ou animação. Marina Warner escreveu sobre como as novas narrativas, à maneira de Disney, desses mitos não têm mais "meninas dóceis, obedientes: em espetáculos destinados à família, as heroínas tornaram-se persuasivas, atléticas e invencíveis: elas enfrentam todos os competidores, especialmente os amantes em potencial, e não mostram nenhum sinal de paixão".[3] Essas heroínas podem ser dinâmicas, mas persiste um apetite por vê-las cair inconscientes e emergir transformadas de seu sono. Em 2014, o filme *A Bela Adormecida* foi refeito pela Disney como *Malévola*: uma fantasia lúgubre, gótica, em que uma adolescente espeta o dedo, cai em coma e é despertada por um beijo de amor não matrimonial, mas materno – o beijo redentor é dado pela arrependida fada sombria que lançara a maldição.

Recentemente, assisti mais uma vez à versão de Disney sobre Branca de Neve: *Branca de Neve e os sete anões*. Quando apareceu a cena em que a menina era deitada num caixão de vidro, isso me lembrou um cubículo de isolamento na unidade de tratamento intensivo.

O CHEFE DE NIAMH deu uma busca em seu chalé e encontrou uma velha caderneta de endereços numa das gavetas. Começou a telefonar ao acaso para encontrar alguém que conhecesse sua família. Após algumas tentativas frustradas, conseguiu falar com uma antiga amiga da escola que lhe deu o número da mãe de Niamh. Ele ligou, deu a notícia, e cerca de duas horas depois ela chegou ao hospital.

A mulher parecia uma catedral rococó: alta, majestosa e com uma fachada dispendiosamente trajada. Sua voz retinia como dinheiro. Expliquei o mais claramente que pude que Niamh sofrera sepse – intoxicação do sangue – e que o fígado e os rins haviam falhado parcialmente. As manchas rubras que brotavam em sua pele eram causadas pela infecção. Sua pulsação estava fraca, o fígado falhava, e nós lhe estávamos dando transfusões e doses máximas de antibióticos. Os olhos da mãe estavam arregalados e me examinavam como se em meu rosto estivesse a chave do futuro, enquanto eu apenas relatava alguns detalhes sobre o presente. "Não sabemos se ela vai sobreviver", eu disse, "mas as próximas horas talvez sejam críticas."

"Bem, ficarei aqui mesmo."

A série seguinte de resultados da bioquímica mostrou poucas mudanças, mas pela primeira vez não houve deterioração na função hepática. Nas duas manhãs seguintes cheguei para encontrar a mãe de Niamh adormecida numa cadeira junto à cama – era como se estivesse compensando todos os anos de separação entre ela e a filha. Eu estava mais ansioso que de hábito, à espera de que os testes de sangue do dia seguinte chegassem do laboratório, e pedi que me telefonassem com os resultados: "Boa notícia", disse o técnico do laboratório. "O ALT dela está baixo e a albumina subiu um pouco." Mais um dia, e houve melhora em todos os parâmetros que estávamos medindo: o consultor achou que deveríamos tentar reduzir a sedação. Quando reduzimos a dose do anestésico, os olhos de Niamh começaram a se mover sob as pálpebras fechadas com fitas, como se ela estivesse presa dentro de um mundo de sonho. No dia seguinte ela despertou.

Despertou e viu a mãe, e seu sorriso foi um arco-íris às avessas. Mais tarde sussurrou suas primeiras palavras: "Gostaria de ir para casa."

O FÍGADO DE NIAMH quase entrou em falência – ela chegou muito perto de morrer por causa da intoxicação de seu sangue, e o consequente efeito disso sobre o fígado. Mas seu tecido se regenerou e a trouxe de volta à vida. Não foi um belo príncipe que a salvou, nem a reconciliação com sua mãe – foi seu próprio fígado.

LFTs estão entre os testes mais comuns que envio para o laboratório; todos os dias úteis eu examino as tabelas em que eles são apresentados. Com frequência estão elevados por causa do álcool – uma quantidade mesmo ligeiramente maior que a recomendada pode duplicar ou triplicar os níveis de GGT no sangue. Às vezes são remédios: as estatinas que reduzem o colesterol têm o hábito de distorcer os testes de fígado. Cálculos biliares bloqueiam a excreção de bilirrubina, desnutrição baixa a albumina e por vezes uma inflamação geral revelada pelos testes sugere que um câncer está sombriamente em ação.

Ocasionalmente, não consigo encontrar uma razão para a inflamação do fígado, por isso envio o paciente para um harúspice dos tempos modernos, uma biópsia. Com uma laparoscopia no abdome, os sumos sacerdotes da medicina tecnológica extraem um pedaço de tecido do fígado, examinam-no cuidadosamente e depois pronunciam um julgamento sobre o futuro do paciente. Mesmo quando seu veredicto é sombrio, o fígado pode muitas vezes se regenerar; sempre há uma chance de final de conto de fadas.

13. Intestino grosso e reto: magnífica obra de arte

> "No meio do caminho, sua última resistência cedeu, ele permitiu que seus intestinos se aliviassem tranquilamente enquanto lia. ... Espero que não seja grande demais para causar hemorroidas de novo. Não. Era o tamanho certo."
>
> James Joyce, *Ulisses*

Os seres humanos poderiam ser descritos como animais em forma de tubo, nossos esqueletos e órgãos como elaborações para suportar uma extensão de tripas. Dessa perspectiva, não somos assim tão diferentes dos vermes nematódeos, organismos primitivos que parecem existir fundamentalmente para ingerir e excretar. A comida entra por uma ponta, as fezes saem por outra, nutrientes e água são extraídos. Nos nematódeos, é necessária apenas uma fração de milímetro para levar isso a cabo, mas nos seres humanos são entre seis e nove metros. Nossos intestinos são forçados a se enrolar em anéis e espirais para caber no espaço que lhes é destinado; eles se torcem e contorcem constantemente enquanto empurram alimento e fezes para diante. O reto é o ponto final desse tubo, e não está livre para se deslocar – está preso à parede posterior na coluna vertebral. Seu nome vem da palavra latina que significa "direto": quando o intestino dá uma guinada para sair do cólon sigmoide, ele faz um percurso reto pela pelve até a saída.

Em termos de função, o reto é realmente apenas uma sala de espera: um lugar para as fezes se acumularem até que seja conveniente deixá-las sair. O hábito intestinal chega à maioria das pessoas como um direito hereditário: de manhã ou à noite, regular ou irregular, mole ou firme, acostumamo-nos à maneira como os excrementos saem, e alarmamo-nos se seu padrão começa a mudar. Para a maior parte das pessoas, há boa razão para isso: os médicos têm interesse em mudanças no hábito intestinal porque elas podem indicar perturbação mais profunda. A diarreia pode ser um sinal de doença da tireoide; a constipação, um aviso de malignidade; e fezes oleosas, flutuantes, sugerem que nosso pâncreas parou.

Assim como grande quantidade de informações sobre o estado de saúde de uma pessoa pode ser revelada se lhe perguntamos com que frequência seu intestino funciona, há muito a ser averiguado verificando o interior do próprio reto. Nos homens, essa é a principal maneira de examinar a próstata, que pode ser sentida por um dedo (enluvado) através da fina parede anterior. Nas mulheres, o colo do útero situa-se mais ou menos no mesmo lugar, e em algumas delas, particularmente se nunca fizeram sexo, é mais aceitável verificar o colo pelo reto do que pela vagina. Se uma pessoa está sangrando, é necessário um exame para descobrir se o sangue vem de hemorroidas, de um rasgo na pele do ânus ou de um tumor – encontrei vários cânceres retais dessa maneira.

Comediantes *stand-up* podem sugerir que, para ter o intestino grosso examinado, você deve abaixar as calças e se inclinar, porém, a melhor maneira é deitar-se de lado na cama e puxar os joelhos para o peito. Surpreende quantas pessoas pedem desculpa ou fazem uma piada, embaraçadas quando ficam nessa posição: "Espero que você não tenha acabado de tomar café da manhã"; "Sinto muito que você tenha de fazer isso", como se o reto fosse tão sórdido que, como examinador, eu devesse sentir repulsa. Essa é uma crença compreensível: somos ensinados desde os primeiros anos que as fezes são intocáveis, que o reto e o ânus são sujos e asquerosos.

Para a maioria dos médicos, não vem ao caso sentir asco diante de ferimentos supurados, prolapso intestinal ou membros gangrenados: eles têm de ser examinados, por isso, sua estética é irrelevante. Mas embora a feiura tenha pouco lugar no consultório, ainda há espaço para a beleza, no sentido dado pelo dicionário: "capaz de suscitar admiração". A complexidade e economia da anatomia humana, tanto na saúde quanto na doença, muitas vezes são belas. E se imaginar a harmonia sob a pele pode ser belo, imagens médicas como escâneres de ultrassom também o são – pense naqueles escâneres granulosos, claro-escuros, ganhando a posição mais importante no consolo da lareira ou na primeira página de um álbum de bebê. Imagens de raios X têm uma beleza etérea especial, seja qual for a parte do corpo que representem; contemplá-los é um lembrete não apenas do esqueleto e de nossa mortalidade, mas uma maneira de transformar a perspectiva e imaginar o corpo novamente. Por vezes eles são como retratos, mas podem também se assemelhar a pinturas de paisagens com contornos, horizontes e formações pitorescas de nuvens. Há paralelos na nomenclatura: muitas vezes, no serviço de emergência, pedi vistas *skyline* do joelho, ou vistas "panorâmicas" da maxila. O fato de essas imagens terem importância clínica, serem úteis no diagnóstico e no tratamento, as torna mais, e não menos belas.

O escultor Rodin disse que não havia feiura na arte se essa arte oferece alguma percepção da verdade, e o mesmo poderia ser dito sobre a prática da medicina e as imagens que ela cria. Medicamente falando, o corpo raras vezes é feio, e as imagens dele podem ter uma estética que se aproxima da arte – ainda que essas imagens sejam do… reto.

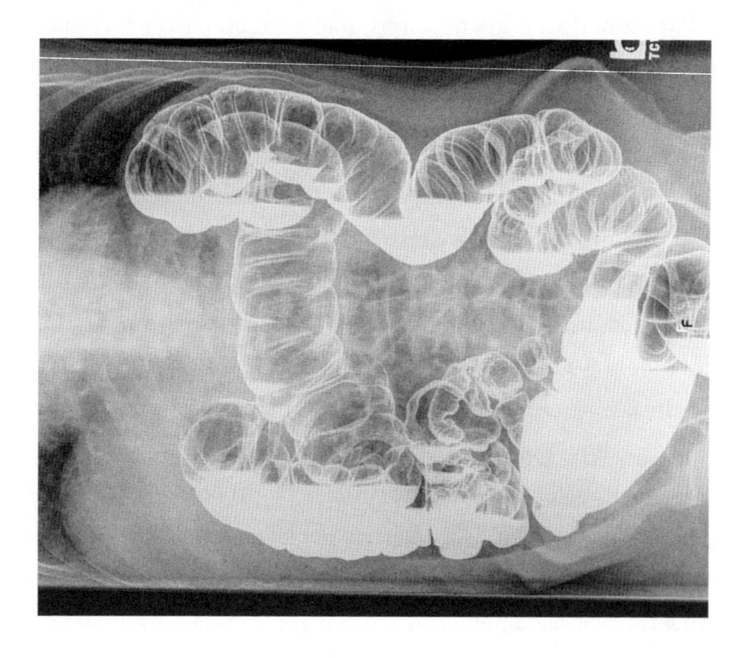

Douglas Duletto era um homem magro, de meia-idade, que usava óculos de armação de chifre e uma camisa branca engomada. Tinha o cabelo grisalho bem penteado, partido no meio, e estava sentado todo empertigado na maca na emergência, como se esperasse pacientemente pela segunda metade de um recital de música de câmara. Usava uma fina camisola hospitalar e dobrara cuidadosamente sua calça de veludo, acomodando-a no canto da maca.

Tirei a prancheta de um suporte na parede do cubículo e dei uma olhada na folha: "Corpo estranho, reto", dizia ela.

"Eu me sinto mortificado por estar aqui", disse ele, corando de repente, "mas não consigo tirá-la."

"O que é 'ela'?"

"Uma garrafa", respondeu ele. "Passei a noite toda tentando tirá-la."

"Uma garrafa de quê?"

Ele ficou de um vermelho ainda mais carregado: um senador fotografado num clube de strip-tease.

"Ketchup."

Pedi-lhe que se deitasse sobre o lado esquerdo com os joelhos puxados para cima até o peito – "Deixei minha dignidade na porta, de qualquer maneira" –, em seguida empurrei um dedo enluvado em seu reto. "Apenas empurre para baixo", falei, "pressione como se estivesse tentando defecar." Na ponta de meu dedo, tão profundamente enfiado quanto possível, senti a borda de vidro duro – afundado demais para eu conseguir pinçá-la. Inseri um tubo de plástico transparente – um proctoscópio – e acendi a luz. Nas claras bordas plásticas do instrumento pude ver as saudáveis paredes rosadas do reto salpicadas com as manchas amarelas das fezes. No centro, bem no limite de minha visão, havia um brilho de vidro. "Acho que vai ser difícil", falei, "está muito lá dentro."

Ele tombou para a frente, a cabeça entre as mãos, e seus ombros começaram a tremer. Na "eclusa" da enfermaria – a área onde toda a urina e as fezes são descartadas – encontrei uma cadeira higiênica, e na enfermaria cirúrgica peguei um unguento comumente usado no tratamento de fissuras na parede anal. O unguento relaxa o esfíncter, permitindo que as fissuras sarem, mas eu me perguntei se também facilitaria a passagem da garrafa. Apliquei o unguento e lhe pedi que sentasse na cadeira higiênica. Depois que ele tinha se esforçado algumas vezes, fiz com que voltasse para a cama, e em seguida tentei alcançar a garrafa de novo. Dessa vez achei que a segurara, mas no último minuto ela escapuliu e penetrou mais profundamente na anatomia pantanosa do abdome. Praguejei muito baixinho, mas ele me ouviu.

"Qual é o problema?", perguntou nervoso.

"Nada", respondi. "Mas vamos ter de fazer raios X."

Na época os raios X ainda eram produzidos em grandes filmes de acetato. Depois que o sr. Duletto voltou ao cubículo, levei o envelope contendo o filme de volta para a sala dos médicos e o pus na caixa de luz. Ele atraiu muita gente.

O bojo da pelve ocupava o primeiro plano, moldado como os dois flancos de um vale, sob manchas vagas e gasosas de intestino – um céu, à maneira de Turner. Elevando-se no meio havia uma forma incongruente: um arranha-céu caído numa cena pastoral. Era o contorno nítido, instantaneamente reconhecível, de uma garrafa de ketchup. Ela se encontrava ao longo de parte do reto e penetrava no cólon sigmoide, com os ombros da garrafa e sua tampa de metal estreitando-se como a ponta de uma flecha que indicasse a parte mais funda nos intestinos.

"Sinto muito", falei quando entrei de volta no cubículo, "vou ter de enviá-lo para os cirurgiões. Não vou conseguir tirar essa coisa por minha conta."

Segundo a psicologia da estética, a arte é apreciada não apenas pela percepção de algo como belo, mas por seu poder de evocar uma ampla variedade de emoções: confusão, surpresa, repugnância e até embaraço.[1] Olhando para os raios X, eles tinham indubitavelmente um valor estético: as formas granulosas dos ossos e do intestino contra o objeto moldado em vidro e metal. Havia um atrativo de pop-art na justaposição da garrafa produzida em massa com a forma orgânica da pelve do sr. Duletto. Essa radiografia é uma obra de arte, pensei comigo mesmo: poderia ser apresentada a uma galeria ou projetada à noite sobre o prédio do hospital. Imaginei-a por um instante pendurada no MoMA ou na Tate Modern, protegida por vidro e isolada por corda.

Ditei uma carta para os cirurgiões, e o maqueiro chegou para levar o sr. Duletto à enfermaria. "Cirúrgico?", perguntou-me o carregador, e apontei para o cubículo. Ele empurrou a maca para o corredor, e o sr. Duletto levantou a mão para acenar enquanto rumava para a porta. "Alguma radiografia?", indagou o padioleiro.

"Ah, sim", respondi, virando-me para a caixa de luz, mas os raios X já não estavam ali. Haviam sido furtados: mais alguém deve tê-lo apreciado como inestimável obra de arte.

Pelve

14. Genitália: sobre fazer bebês

"Eu gostaria que meu pai ou minha mãe, ou de fato ambos, pois os dois estavam igualmente obrigados a isso, tivessem pensado no que faziam quando me geraram."

LAURENCE STERNE, *Tristram Shandy*

CONTEMPLAR OS OBSTÁCULOS à concepção é investigar as ideias mais profundas acerca do que significa ser humano. Terá nossa vida começado quando o projétil de células de que fomos compostos outrora bateu contra a parede do útero de nossa mãe? No caso de muitas mulheres, os óvulos fertilizados não se implantarão no revestimento do útero. Terá começado ainda antes, quando o espermatozoide mais rápido e mais forte de nosso pai se fundiu com um óvulo de nossa mãe? Alguns homens têm espermatozoides preguiçosos ou desorientados demais para encontrar o óvulo. Terá nossa vida sido decidida três meses antes, na dança genética chamada *meiose*, quando o espermatozoide bem-sucedido que nos criou foi gerado nas profundezas de um dos testículos de nosso pai? Em alguns homens, a meiose não funciona de maneira adequada; eles são *azoospérmicos* – não têm espermatozoide no sêmen. Ou talvez nossos eus individuais tenham sido gerados apenas duas semanas mais cedo, quando o óvulo que participou da nossa criação ganhou o privilégio de ser preparado para a ovulação. Ciclos menstruais desordenados e falta de ovulação são uma frequente causa de infertilidade. Em certo sentido, nossas vidas começaram décadas antes de nossos pais se unirem – os óvulos nos ovários de nossa mãe foram criados quando ela própria estava no útero.

Além disso, há os obstáculos físicos que o óvulo encontra para chegar ao útero: as tubas uterinas têm pequeninas projeções em suas extremidades abertas, que colhem óvulos da maneira como os dedos colhem pedras preciosas. Quando cada um de nós foi fertilizado, nossos eus primordiais, celulares, começaram a se dividir no alto da tuba uterina: uma célula tornou-se duas, duas tornaram-se quatro, quatro tornaram-se oito etc. Como uma multidão urbana em volta de um préstito real, células dentro da parede da tuba uterina empurraram a massa de células que se dividiam em direção ao útero. Quando chegou, o óvulo fertilizado tinha se tornado uma bola de células somando sessenta ou mais.

Enquanto ainda dentro do alcance do ovário, o óvulo pode ser fertilizado cedo demais e se deslocar para a parte errada do abdome. Essa é uma das surpresas da nossa anatomia – os homens, ao contrário das mulheres, não têm nenhuma conexão equivalente entre os mundos interior e exterior para conduzir os espermatozoides da vagina para o interior do abdome. Se um embrião fertilizado se implantar profundamente no revestimento abdominal, ele pode até se desenvolver por algum tempo, mas está fadado a sofrer um aborto, porque o revestimento não pode fornecer sangue suficiente para o bebê se desenvolver. Se for internamente abortado dessa maneira, a mulher às vezes nem sabe que esteve grávida; com o tempo, os tecidos do embrião são substituídos por sais de cálcio quebradiços, brancos como osso. Vez por outra os cirurgiões encontram esses litopédios, ou "bebês de pedra", dentro do abdome de senhoras idosas, carregados, sem que elas soubessem, por quarenta ou cinquenta anos.

Ocasionalmente, o embrião em desenvolvimento se implanta a meio caminho, ao longo da tuba uterina, o tipo mais comum de gravidez ectópica – isto é, gravidez no lugar errado. À medida que o bebê ocupa espaço, a tuba é incapaz de se expandir; o embrião está condenado, e o esticamento começa a causar terríveis dores. Caso se permita que a gravidez prossiga, a própria tuba se fenderá, e a mãe pode sangrar até a morte – um presente venenoso da nova à velha vida.

Até o final do século XVIII, na Europa, acreditava-se que, para que a concepção ocorresse, alcançar o orgasmo era tão importante para as mulheres quanto para os homens. Um manual de assistência ao parto em uso no século XVII declarava que, sem clitóris, as mulheres "não teriam desejo, nem prazer, nem tampouco jamais conceberiam".[1] Juízes presidindo casos de estupro decidiam que, se ocorrera concepção, o intercurso fora consensual. Em 1795, o marquês de Sade – extremamente preocupado com métodos para evitar a gravidez – escreveu que o fluido "descarregado" pelas mulheres durante o clímax era um pré-requisito para a criação de nova vida: "Da mistura desses humores nasce o germe que produz ora meninos, ora meninas."[2]

Embora muitas sociedades tivessem compreendido que isso não era verdade (a circuncisão feminina, por exemplo, praticamente impossibilita o orgasmo), essas ideias sobre o corpo estiveram em curso durante mil anos: nova vida era gerada através de uma convulsão que, para funcionar, tinha de ser experimentada necessariamente por ambos os sexos. O orgasmo das mulheres era considerado necessário para a ovulação, mas o orgasmo simultâneo tinha ainda maior probabilidade de resultar em gravidez. No tratado hipocrático *A semente*, o autor descreve como o calor é criado dentro da pelve tanto dos homens quanto das mulheres durante o sexo, levando a um clímax paroxístico que seria experimentado mais intensamente pelas mulheres se ocorresse no instante em que o sêmen também entrava em contato com o colo do útero ("como uma chama que flameja quando se borrifa vinho sobre ela"). Galeno escreveu que dores nas costas e nos membros eram comuns entre viúvas que não mais faziam sexo pelo acúmulo de fluidos generativos femininos em seu interior; a cura era estimular a descarga desse fluido, preferivelmente pelo sexo, mas, se necessário, por meio de estimulação manual. No século XVI, o médico holandês Forestus aconselhou as mulheres a contratar

Fig. 35.
Mov. XXII.

uma parteira para realizar essa tarefa, "de modo que ela possa massagear a genitália com um dedo dentro, ... e, dessa maneira, a mulher afligida se excite até o paroxismo".[3] Essa perspectiva sobre a sexualidade feminina persistiu de forma atenuada até o início do século XX: foram inventados vibradores para o tratamento de mulheres que sofriam de "histeria", e seu uso foi recomendado até que se excluiu o próprio diagnóstico dos livros-texto de psiquiatria, nos anos 1950. (Alguns desses aparelhos tinham peças que permitiam que fossem acionados pela máquina de costura doméstica.)

Rob e Helen foram à minha clínica dezoito meses depois de jogar fora as pílulas anticoncepcionais de Helen. Sentiam-se embaraçados, quando se sentaram. "Estamos tentando ter um bebê há séculos", começou Rob, depois hesitou, mas Helen terminou a frase: "Estamos começando a pensar que há alguma coisa errada." Ele era cozinheiro: alto e ligeiramente acima do peso, com cabelos que começavam a ficar grisalhos e olhos ansiosos. Ela era auxiliar numa creche: magra, com cabelo ruivo cortado curto e bochechas de boneca, brancas como porcelana. "Será que precisamos de fertilização *in vitro* (FIV)?", perguntou Helen, girando sua aliança com os dedos da mão direita, "mas, aos 37 anos, dizem que deveríamos nos apressar."

Perguntei sobre sua história familiar. Helen era uma de três filhos, não tinha conhecimento de nenhum problema em sua família, e tanto o irmão quanto a irmã já tinham seus próprios filhos. Rob também era um de três filhos: embora seu irmão tivesse uma filha, ela havia sido concebida com a ajuda de FIV.

Em média, os casais que fazem sexo de maneira regular sem proteção têm cerca de 20% de chance de conceber dentro de um mês, 70% de chance de conceber dentro de seis meses e 85% de chance de conceber dentro de um ano. É por essa razão que os médicos preferem esperar pelo menos um ano antes de iniciar os testes de infertilidade. Os primeiros testes a ser realizados são os mais simples: para Rob, duas amostras de sêmen enviadas pelo menos com um mês de intervalo depois de alguns dias de abstinência; para Helen, exames de sangue em dois momentos distintos de seu ciclo menstrual para avaliar se ela estava ovulando regularmente. As amostras de sêmen são mais complicadas de preparar; devem ser entregues ao laboratório, que só fica aberto em determinadas horas do dia, até uma hora depois da ejaculação. "Que… é isso?", perguntou Rob quando lhe entreguei os tubos de amostra. "Eles não nos dão muita coisa… para mirar." Não discutimos como ele se virou para obter as amostras. Helen riu, dissolvendo a tensão na sala, finalmente. "O que você está tentando dizer sobre seu equipamento?", disse ela, dando-lhe uma cotovelada.

Helen precisava fazer um exame de sangue no terceiro ou quarto dia depois do começo de seu próximo período menstrual, seguido de outro, realizado sete dias antes de começar o período *seguinte*. O primeiro exame avalia se os dois hormônios que coordenam a ovulação – "hormônio luteinizante" e "hormônio folículo-estimulante" – mantêm as proporções corretas um em relação ao outro e aos níveis de estrogênio. O segundo exame estima se o ovário está produzindo progesterona – o hormônio que prepara o útero para a gravidez – suficiente, indicando que ela tinha ovulado. Helen tirou da bolsa sua agenda, onde todos os seus períodos do último ano estavam marcados numa tabela.

"Este é meu mapa menstrual", disse com seriedade, "um mapa de decepção." Selecionamos os dias em que ela precisaria fazer os exames de sangue e os marcamos.

Quando a encontrei pela segunda vez, ela estava sozinha. Após colher as amostras de sangue, desenrolou a manga da blusa e fez uma pausa. "Sabe o que é o pior nisso tudo?", perguntou. "É o que foi feito de nossa vida sexual... Quer dizer, é difícil sentir-se romântico ou desejável quando a única coisa em que você pensa é ovulação e concepção."

"Algumas pessoas só concebem depois que conseguem marcar uma hora na clínica de fertilidade", falei, "é quando param de se preocupar. Não transforme isso numa provação, ou em algo com que você deva se estressar."

"É isso mesmo", disse ela. "Antes, eu raramente tinha um orgasmo com sexo. Agora, nunca tenho. Você acha que isso é um problema?"

·

O NERVO QUE COORDENA o orgasmo, chamado nervo "pudendo", tem um curso quase idêntico em homens e mulheres. Seu nome vem do latim *pudere*, "envergonhar-se", como se ainda estivéssemos nos agachando no Jardim do Éden, tremendo atrás das folhas da figueira. As partes pudendas poderiam ser cômicas, absurdas ou até embaraçosas, mas nunca vergonhosas: afinal, sem os nervos pudendos de nossos pais, poucos de nós estaríamos aqui. As pessoas podem se mostrar relutantes ou encabuladas para discutir aspectos da concepção, do sexo e da sexualidade, mas, como médicos, isso é inevitável; não podemos trabalhar com corpos humanos por muito tempo sem falar sobre isso.

Seja pregueado no prepúcio ou dessensibilizado pela circuncisão, o nervo pudendo nos homens se ramifica através da pele da glande e nas mulheres, através do clitóris. Esses nervos se unem em feixes que descem pela parte de trás de cada *corpus cavernosum* – os "corpos cavernosos" presentes em ambos os sexos, que se enrijecem ao serem ingurgitados com sangue, e que antigamente se imaginava inflados pelo *pneuma*, ou espírito, do desejo sexual. Em seguida o nervo de cada lado cai até a raiz peniana ou clitoridiana e dá uma volta sob o arco da sínfise púbica do osso pélvico – um arco gótico anguloso no homem e um arco romano mais arredondado na mulher (com suas acomodações mais apropriadas para a cabeça de um bebê e a maior dispersão dos nervos). Depois penetra mais profundamente nas camadas de músculo e tendão que suportam e controlam a bexiga, recebendo ramos exteriores que fornecem sensibilidade à pele entre as coxas. É aqui que ele desliza sob a glândula da próstata e as vesículas seminais, nos homens, que armazenam e banham os espermatozóides que migraram dos testículos, e o colo do útero e o útero, nas mulheres. Depois continua em direção à coluna, emergindo na pelve entre poderosos músculos que projetam o peso do corpo para as pernas.

O sacro é um osso triangular na base da coluna, perfurado por buracos como o turíbulo de um sacerdote. É chamado assim porque outrora acreditava-se que ele era sagrado: um reservatório de essência humana – os europeus medievais achavam que, na ressurreição, seus corpos seriam reconstituídos a partir do sacro, e que as energias ali descarregadas eram essenciais para a criação de uma nova vida. Depois de se entrelaçarem através do emaranhamento do plexo sacral, as fibras nervosas pudendas deslizam pelas perfurações do sacro e se conectam à medula espinhal.

Marco Aurélio falava do orgasmo como simples produto de uma duração cronometrada de fricção. Aristóteles julgava que o calor necessário para a concepção era gerado pelo sexo, assim como um fogo pode ser aceso pela fricção de duas varetas. Mas evidentemente a propagação da tensão sexual é menos previsível do que sugerem essas teorias: é menos um processo de ignição que uma interação entre nuvens de tempestade e uma terra ionizada – o relâmpago do tráfego de mão dupla entre a mente e a fisiologia corporal. Em países ocidentais nos quais se tentou realizar pesquisas sobre o tema, relata-se que apenas um terço das mulheres experimenta o orgasmo regularmente durante o intercurso, e as razões para isso seriam tanto sociais quanto físicas. O efeito de medicamentos pode desempenhar algum papel nisso: antidepressivos como Prozac e Seroxat, alguns dos remédios mais comumente prescritos no mundo ocidental, podem amortecer a tal ponto a ação daqueles terminais nervosos que se torna difícil alcançar o orgasmo tanto para homens quanto para mulheres. A heroína pode ter o mesmo efeito, e, como é de conhecimento geral, também o álcool.

Uma tensão simétrica se acumula entre os nervos dentro da glande ou do clitóris e o plexo na pelve até que uma mudança final, crucial, provoque o clímax. O que os franceses chamavam de *la petite mort* pode ser visto em escâneres cerebrais não como um apagão para o esquecimento, mas como um "acendimento" no núcleo emocional (giro cingulado), centros de recompensa (núcleo *accumbens*) e regiões hormonais (hipotálamo) do cérebro. São essas regiões hormonais que em alguns animais provocam de fato a ovulação como resposta para o sexo, exatamente como Galeno imaginou, mas nos seres humanos não é isso que acontece.

Durante o orgasmo, pulsações de estimulação nervosa ondulam de volta da medula espinhal para a glândula da próstata e as vesículas seminais, nos homens, e para o colo do útero e a vagina, nas mulheres. Nos homens, eles levam a próstata, o canal deferente e a uretra a espremer fluido seminal para o pênis numa série de espasmos de contração, enquanto reflexos coordenados fecham a entrada para a bexiga, de modo que o sêmen só possa seguir um caminho: a saída. Nas mulheres, essas mesmas pequenas ondulações provocam convulsões em pequeninas glândulas em volta da uretra e na parede anterior da vagina – glândulas de Skene –, que expelem uma espécie de fluido seminal feminino semelhante ao fluido prostático expelido pelos homens.

As saídas das glândulas de Skene variam entre as mulheres: no clímax, elas podem expelir um fluido aquoso para a uretra, como ocorre com os homens, ou diretamente para as aberturas dentro da vagina – o que explica por que algumas mulheres têm a sensação de "ejacular" no orgasmo e outras não. Um sexólogo italiano, o dr. Emmanuele Jannini, da Universidade de L'Aquila, acredita que a área em volta da uretra na parede vaginal anterior é, em algumas mulheres, uma zona erógena independente do clitóris.[4] Como Ernst Gräfenberg, o sexólogo de Nova York cuja inicial "G" deu nome ao "ponto G", Jannini acha que há mulheres que experimentam orgasmos mais profundamente na vagina que outras, como um acidente da anatomia de seu nervo pudendo.[5]

A vagina saudável é ácida, algo que ajuda a mantê-la livre de infecções. Infelizmente, os espermatozoides preferem um ambiente neutro – nem ácido nem alcalino –, semelhante ao que prevalece no útero. As secreções das glândulas de Skene e da glândula da próstata são alcalinas, o que sugere que elas neutralizam convenientemente o meio ácido da vagina no momento em que o esperma é nela lançado. As secreções das glândulas de Bartholin, que se situam na entrada posterior da vagina e se tornam ativas muito mais cedo no intercurso, são também alcalinas, portanto, fazem a mesma coisa.

William Taylor escreveu mais de dois séculos atrás: "Assim o poético orgasmo, quando excitado, fulgura, mas muito brevemente."[6] Nos homens, por até dez segundos; nas mulheres o orgasmo pode durar o dobro disso. O padrão do orgasmo feminino é diferente do padrão masculino: mais amplo e mais lento para surgir e para se extinguir. Há várias teorias, nenhuma inteiramente convincente, sugerindo que o orgasmo feminino poderia ajudar na concepção.* Uma delas é que a maior duração do orgasmo entre as mulheres poderia dar ao colo do útero mais tempo para "atrair" o fluido seminal masculino, o que aumentaria a probabilidade de gravidez e ajudaria os espermatozoides a sobreviverem neutralizando a acidez natural da vagina. Mas há outras: ela estimularia a fazer mais sexo; secretaria o hormônio oxitocina do cérebro (o que pode levar o útero a "atrair" fluido); há quem diga até que os orgasmos femininos ajudam na seleção sexual – identificando homens mais propensos a priorizar tanto a felicidade de suas mulheres quanto a sua própria.

* Há até uma teoria propondo que o orgasmo ajuda a selecionar esperma de um parceiro não regular em detrimento do parceiro regular (ver R.R. Baker e M.A. Bellis, "Human sperm competition: ejaculate manipulation by females and a function for the female orgasm", *Animal Behaviour*, v.46, n.5, 1993, p.887-909).

PARA SIGMUND FREUD, "Eros" e o erótico representavam os componentes sexuais da vida: agitados com energia, caóticos e generativos. Ele opunha isso à pulsão humana para a agressão e a autodestruição – os gregos a teriam chamado de *thanatos*. Carl Jung julgava que o erótico tinha menos a ver com oposição à violência e mais com a obtenção de um equilíbrio entre os aspectos racionais e emocionais da natureza humana. "A psicologia da mulher é fundada no princípio do Eros, o grande atador e desatador", escreveu ele, "ao passo que desde os tempos antigos o princípio dominante atribuído ao homem é o *Logos*"[7] – do logos vem nossa ideia de lógica. Para Jung, assim como ácidos e bases têm de se equilibrar para criar um ambiente neutro, também o lógico e o erótico tinham de se equilibrar para que tanto homens quanto mulheres florescessem. Ao aconselhar casais inférteis, Jung provavelmente teria caracterizado uma dependência de exames e análises de sangue, a exemplo dos que têm lugar numa clínica de infertilidade, como foco excessivo em Logos, mas uma concentração unicamente na saúde emocional e sexual do casal como atenção exagerada a Eros.

Algumas semanas depois encontrei-me com Helen e Rob novamente. A análise do sêmen de Rob era normal: percorri os parâmetros examinados pelo laboratório, traduzindo a árida terminologia de "motilidade", "morfologia", "concentração" e "consistência". Os exames hormonais de Helen também tinham voltado como eu esperara: O LH e o FSH estavam em proporção adequada um em relação ao outro, o estrogênio baixo, como devia ser no início do ciclo. O nível de progesterona em seu sangue uma semana antes da data prevista para o início de seu período menstrual sugeria que ela havia ovulado normalmente – não havia nenhuma razão óbvia para que eles não estivessem concebendo.

"Portanto, os resultados são todos muito tranquilizadores", eu lhes disse. "Rob, seus exames são normais, e Helen, seus ovários estão ovulando no momento do mês em que esperamos que fizessem."

"Então, o que pode estar errado?", perguntou ela.

"Às vezes os tubos lá dentro não estão deixando os espermatozoides passarem por alguma razão, às vezes o sistema imunológico impede que o espermatozoide e o óvulo se encontrem, e com frequência não há absolutamente nada de errado."

"Então, e agora?"

"Agora eu escrevo para a clínica de fertilidade no hospital, e vocês dois tentam não se preocupar demais com isso."

QUANDO ELES VOLTARAM para a consulta, alguns meses depois, o embaraço inicial havia sido substituído pelo abatimento.

"Como se saíram na clínica?", perguntei.

"Nem queira saber", respondeu Rob.

Na primeira consulta na clínica, Helen havia admitido tomar um copo de vinho ocasional, e lhe disseram sem rodeios que devia abandonar o álcool. Rob ficou irritado com a sugestão de que devia perder um pouco de peso e com o questionamento minucioso sobre a frequência com que faziam sexo e a maneira como o faziam. "Suponho que eles têm de perguntar", disse ele, "mas é como se pensassem que não sabemos de onde vêm os bebês." Após mais um exame de sangue e um escâner de ultrassom de seus ovários, Helen foi informada de que tinha "baixa reserva ovariana"; havia relativamente poucos "folículos" nos ovários com potencial para ovular. O casal provavelmente precisaria de FIV, mas mesmo nesse caso sua chance de sucesso era pequena, por volta de uma em dez. "E você não me preveniu com relação ao ultrassom", disse-me ela. "Tive um choque quando o médico desenrolou um preservativo sobre um bastão de plástico e me disse onde tinha de enfiá-lo."

Apesar das indignidades da clínica, eles decidiram ir em frente. O primeiro passo no tratamento foi uma série de injeções para "zerar" os folículos nos ovários de Helen, de modo que todos estivessem no mesmo estágio inicial de desenvolvimento. Depois ela começou uma série adicional de injeções, dessa vez para hiperestimular a maturação dos óvulos – o desenvolvimento de muitos óvulos de uma vez. "Eu não suportava aquelas injeções", disse-me Helen. "Minhas nádegas ficaram pretas e azuis por causa delas." Agora os escâneres internos de ultrassom eram tão frequentes que não a incomodavam mais.

Os ovários de Helen começaram a inchar com folículos em desenvolvimento, e uma injeção adicional provocou a maturação final dos óvulos. Trinta e quatro horas depois que ela recebeu a injeção, com precisão de quase um minuto, os óvulos estavam prontos para ser colhidos. Para esse procedimento ela recebeu um forte sedativo e, usando-se um escâner de ultrassom intravaginal, uma agulha muito fina foi passada pelas paredes de sua vagina e introduzida nos ovários. O fluido dentro de cada folículo foi cuidadosamente extraído e examinado para avaliar os óvulos. Rob teve de fornecer mais uma amostra de sêmen naquela mesma manhã, e depois ele e Helen foram mandados para casa.

Naquela noite Helen dormiu profundamente graças aos sedativos que ainda saturavam seu sangue. Rob não conseguiu dormir, pensando que, enquanto ele e Helen estavam deitados juntos, seus espermatozoides e os óvulos dela eram misturados numa placa de vidro em algum laboratório de paredes brancas.

"Eles extraíram os óvulos na sexta-feira", contou Helen, "e depois na terça-feira tive de voltar. Eles tinham seis embriões fertilizados, dois dos quais eram de 'boa qualidade', seja lá o que isso signifique, e um deles – aquele que disseram ser o melhor – foi posto dentro de mim."

"E depois?", perguntei.

"E depois não funcionou." Ela desviou os olhos e Rob estendeu o braço para lhe segurar a mão. "Eles nos disseram que as chances não eram boas", disse ela, "agora temos simplesmente de ver se podemos encarar isso, ou até se temos recursos para fazer tudo de novo. Eles ainda têm alguns de nossos embriões num *freezer*. Talvez eu seja frígida, no final das contas... eles vão se sentir perfeitamente em casa lá."

Para Galeno, "esterilidade" era o resultado de falta de calor; para tratar a infertilidade, a resposta era simplesmente encontrar maneiras de aquecer os órgãos pélvicos. Isso podia ser feito com preliminares ou "conversa lasciva", ou esfregando os genitais com ervas para avermelhar e irritar a pele. Avicena, o médico árabe do século XI que retransmitiu grande parte dessa retórica para o Ocidente, concordava que era necessário encontrar maneiras de aumentar o prazer sexual feminino: "[Quando as mulheres] não satisfazem seu desejo, ... o resultado é nenhuma geração", escreveu ele.[8] Ao mesmo tempo, calor *demais* era considerado contraproducente: pensava-se que as prostitutas só raramente concebiam porque tinham demasiado ardor para o sexo, por isso sua semente era "queimada" por excessiva luxúria.

Em *The Sicke Woman's Private Looking Glass*, de 1636, John Sadler – um dos primeiros ginecologistas ingleses – escreveu que o problema muitas vezes era que "o homem é rápido e a mulher lenta demais, razão por que não há um concurso de ambas as sementes no mesmo instante, como exigem as regras da concepção". Em vez de culpar as mulheres de infertilidade, Sadler punha sobre os homens a responsabilidade de refinar suas "seduções para a gratificação do desejo sexual, … a fim de que ela possa começar a arder e ser inflamada". [9]

A suposição de que as mulheres concebiam em resposta ao orgasmo, que existe desde que temos registros escritos, começou finalmente a se esfacelar em 1843, quando o médico alemão Theodor Bischoff demonstrou que a ovulação em cães ocorria mesmo que não tivesse havido nenhum intercurso. Nesse mesmo ano foi publicado um artigo na revista médica *Lancet* afirmando, erroneamente, que o ciclo de animais entrando no cio era algo com que "o período menstrual nas mulheres tem estrita semelhança fisiológica".[10] O conhecimento médico havia despertado para o fato de que as mulheres ovulam de maneira cíclica, e não em resposta ao sexo, o que não somente alimentou o novo pudor vitoriano sobre a sexualidade feminina (se o prazer não é necessário, por que se preocupar com ele?), mas deu origem à crença equivocada de que o período fértil do mês era durante a menstruação, o análogo humano da entrada no cio dos animais. Essa foi uma crença que persistiu por quase um século: nos anos 1920 o best-seller de Marie Stopes, *Married Love*, ensinava que a fertilidade máxima ocorria logo após o fim da menstruação – mais de dez dias cedo demais.[11] Segundo Stopes, era no meio do ciclo que as mulheres tinham poucas chances de conceber – exatamente o momento em que sabemos agora que a gravidez tem maior probabilidade de se iniciar.

ALGUNS MESES MAIS TARDE, Helen e Rob tentaram de novo, usando o segundo dos dois embriões considerados de "alta qualidade", mas novamente se desapontaram. "Talvez pareça bobagem", disse ela quando foi conversar comigo sobre o fracasso do segundo tratamento, "mas quero tanto ter um bebê; toda vez que passo por um bebê na rua, ou pego um no colo, meu útero dá uma pirueta. Não sei se posso continuar trabalhando numa creche."

"Acha que vai tentar a terceira vez?", perguntei.

"Não podemos", ela deu um suspiro. "Já gastamos todas as nossas economias pagando essa segunda tentativa. Quando tivermos economizado mais, tenho certeza de que será muito tarde."

Ficamos em silêncio por um momento.

"E como estão as coisas entre você e Rob?"

"Bem, de fato. Mais do que bem. É uma coisa engraçada, mas..." Ela fez uma pausa, como se estivesse se perguntando de novo quanta intimidade devia compartilhar. "Estamos ambos perturbados com isso, mas de certa forma estamos mais próximos do que nunca. Como é aquela citação? 'Quando você não pode mudar o vento, ajuste suas velas.' As coisas têm sido muito, muito melhores, tanto para mim quanto para ele." Ela corou. "Agora que desistimos de tentar engravidar, é como se fôssemos capazes de voltar a fazer amor."

Há aspectos do funcionamento de nossos corpos que mesmo agora, no século XXI, permanecem obscuros. Só nos anos 1960 a delicada trama entre cérebro, glândula pituitária e ovários foi desenredada em relação à fertilidade, e só no final dos anos 1970 o primeiro bebê de FIV nasceu. Apesar de todos os avanços das décadas subsequentes, muita coisa continua oculta.

Conheci mulheres cujos sistemas imunológicos confundiam repetidamente o embrião dentro de seu útero com uma infecção – e o destruíam. Após sofrer abortos recorrentes, elas só conceberam após reprimir seus sistemas imunológicos com medicamentos do tipo usado em quimioterapia. Conheci um casal cujos abortos recorrentes abarcaram uma década, até que, tendo chamado um bombeiro para consertar um cano rompido, foram informados de que estavam tomando água contaminada com chumbo. Quando a cisterna e o encanamento antigos foram removidos, não tiveram mais problemas. Conheci casais cujos parceiros eram "inférteis" até que se separaram e encontraram novos companheiros – subitamente, ambos foram capazes de conceber.

Só uns dois meses mais tarde vi Helen e Rob na minha lista de consulta novamente. Quando me levantei para chamá-los da sala de espera, perguntei a mim mesmo se teriam mudado de ideia e juntado o dinheiro para o terceiro tratamento de FIV.

Em geral, quando me postava à porta da sala de espera, eu os via assentir com a cabeça, pegar suas bolsas e se levantar solenemente. Mas dessa vez seus modos eram diferentes: o rosto de Helen brilhava quando ela levantou os olhos. Andamos os poucos passos que nos separavam de meu consultório, e ela saltou até a porta. "Você nunca vai adivinhar", disse antes que tivéssemos nos sentado. "Estou grávida." Sem laboratórios ou conselheiros de relacionamento, eles tinham encontrado o equilíbrio certo entre Eros e Logos por conta própria.

15. Útero: limiar da vida e da morte

> "Vejo a mão mais velha pressionando, recebendo, sustentando,
> Reclino-me junto ao peitoril das portas requintadas, flexíveis,
> E marco a saída, marco o alívio e a fuga."
>
> WALT WHITMAN, *Song of Myself*

A TV OCUPAVA MAIS ESPAÇO que a lareira, mas ninguém olhava para ela. Um aquecedor elétrico de duas barras brilhava na cavidade escura atrás da grelha. Um cinzeiro de porcelana com o formato de cachorro pequinês transbordava, e um monte de pontas de cigarro se espalhava pelo carpete. Ao longo de uma linha entre a entrada do quarto e a espreguiçadeira da paciente, o tapete estava gasto; uma trilha gordurosa resultante da passagem de comida caída e pés calçados de chinelos. O comprimento do sofá era maior que a largura da sala, e sentados nele estavam um homem e uma mulher – o filho e a filha da minha paciente. Ambos tinham de sentar com os joelhos separados, para acomodar as barrigas. O filho se levantou para me cumprimentar, as mãos trêmulas.

"Ela está sangrando, doutor", disse ele, "lá embaixo..."

Estacionado lá fora no carro, antes de sair na chuva, eu tinha lido a história médica de Harriet Stafford no laptop do serviço de emergência. Ela parecia um manual sobre as comorbidades hoje possíveis de suportar graças à moderna medicina ocidental, começando com Enfisema, Doença Cardíaca Coronariana, Pressão Sanguínea Elevada e Diabetes – os quatro cavaleiros do apocalipse da sociedade em processo de envelhecimento. Além desses quatro usuais, havia outros dois verbetes significativos: "Demência Multi-infarto" explicava suas maneiras ausentes quando me viu chegar e "Carcinoma Endometrial-Paliativo" explicava o sangramento – ela estava com hemorragia em razão de um câncer do útero. No fim da lista estava o pedido, escrito pelo médico dela própria: "Evitar internação, se possível."

"Olá, sou o dr. Francis", eu lhe disse. "Como está passando?" Os olhos dela se sobressaltaram com o pânico costumeiro dos dementes – temendo responder da maneira errada ou parecer estúpida. Imaginei os circuitos de seu cérebro, tão gastos pela rotina quanto seu tapete. Em vez das possibilidades expansivas do intercurso social, ela fora deixada com algumas respostas reflexas. Certas pessoas com demência recuam quase a um estado pré-verbal; como crianças muito pequenas, aprendem a confiar ou desconfiar não através de palavras, mas do tom de voz e das maneiras do interlocutor.

"Bem, sim, bem", disse ela, sorrindo e abaixando a guarda um pouco. Peguei sua mão e a sacudi com delicadeza. Estava fria, a palma pegajosa, e a pulsação era fraca e rápida. "Vim para ajudá-la", falei. Com as almofadas dos dedos, rocei a pele mais acima no seu braço; estava fria até o ombro – ela tinha perdido tanto sangue que não sobrava o suficiente em seu corpo para manter os membros tépidos. A pele do rosto estava branca como cera de vela, quase transparente. Os brancos dos olhos estavam exangues.

Mudei o absorvente dela meia hora atrás", disse seu filho. "Mas o câncer... está jorrando." Ele corou por ter de descrever dois tabus – câncer e sangramento vaginal – para um homem estranho.

"Vou ter de examiná-la. Podemos deitá-la em algum lugar?" Junto à sala havia um quartinho sobressalente – ela não era mais capaz de subir a escada. O filho e a filha ajudaram-na a se levantar da espreguiçadeira e, segurando-lhe os braços como se encorajassem um bebê a caminhar, levaram-na, meio a apoiando, meio a carregando. "Está tudo bem, mamãe, está tudo bem", murmurava a filha, como uma mãe consolando uma criança impaciente, antes de levantá-la com facilidade e deitá-la na cama.

Ela se deitou estendida na cama e afrouxei-lhe o roupão. Não tinha a menor ideia de quem eu era, mas a lembrança dos médicos e minha aparência de gravata e colarinho branco despertaram algum eco dentro dela, e aceitou que ser despida dessa maneira não era motivo para sofrimento. A pressão sanguínea estava tão baixa que mal era possível registrá-la. "Doendo?", perguntei-lhe, tentando manter minha linguagem o mais simples possível. Ela fez uma expressão de dor e passou a mão para trás e para a frente sobre suas estrias. De repente parecia incrível que esse filho e essa filha um dia estivessem dentro de seu útero; que seu útero, tendo patrocinado a vida deles, estivesse agora apressando sua morte. Abaixando a calça do pijama, vi sangue se acumulando no absorvente, lustrosos coágulos de um vermelho vivo.

De um pacote de frasquinhos em minha maleta tirei um pouco de morfina e injetei-a sob a pele do ventre dela. O local da injeção ficava a alguns centímetros do tumor que destruía seu útero pouco a pouco, enrijecendo os órgãos de seu abdome e matando-a tão seguramente como se ela tivesse cortado as veias. Fiquei observando-a por um momento, ela fechou os olhos e começou a cochilar. Na parede acima de sua cabeça havia um pôster com uma gravura de Jesus, o coração sangrando e uma barba hollywoodiana. Montes de videocassetes se acumulavam ao longo dos rodapés. Havia uma maleta aberta, como aquelas que as futuras mães mantêm, abastecida com talco, cigarros e camisolas sobressalentes. "Mantemos isso ali para o caso de ela precisar ir para o hospital", explicou o filho.

"Poderíamos passar para a sala ao lado e conversar?"

Eles concordaram, e voltamos juntos à sala deixando a sra. Stafford deitada em sua cama.

"Sei que vocês nunca estiveram comigo antes e acabo de conhecer sua mãe, mas posso ver pelos registros dela que tem um câncer, e sabemos que está sangrando por causa desse câncer."

"Sim", disse a filha, assentindo com a cabeça. "Eles lhe deram semanas de vida, e isso foi meses atrás."

"Bem, ela está perdendo muito sangue, e poderíamos fazer uma entre duas coisas. Ou a mandamos ao hospital para uma transfusão ou a mantemos aqui, para ver o que acontece..."

O filho e a filha se entreolharam, até que o filho desviou os olhos para a janela.

"...e o que pode acontecer é que o sangramento pare e ela se restabeleça, e as coisas voltem a ficar como estavam. Ou pode acontecer que ela continue sangrando e morra."

"Quanto tempo ela tem?", perguntou a filha.

"Eu gostaria de saber, mas...", hesitei por um momento, depois olhei-a nos olhos, "...ela pode morrer esta noite."

"Apenas deixe-a aqui", disse sua filha num tom decisivo.

"Certo", respondi, e alguns momentos se passaram. "Voltarei dentro de três ou quatro horas para ver como ela está passando."

Antes de sair, fiz algumas anotações na ficha das enfermeiras do distrito, ao lado da cama, e ajudei a filha a trocar o absorvente. Quando estava puxando a calcinha para cima, vi que o novo absorvente já estava vermelho do sangue fresco.

ERAM 3h DA MADRUGADA quando enfim pude voltar. À porta, fui atendido pela neta, que, na pressa de chegar a mim, tropeçou e caiu para a frente, batendo a cabeça contra o vidro. "O padre está aí", disse ela arfando ao abrir a porta. Estava em estado adiantado de gravidez.

Parei no vão da porta, segurando minha maleta, perguntando a mim mesmo se minha expressão estava séria e piedosa o suficiente para o encontro com um padre junto a um leito de morte. Senti um espasmo de culpa ao pensar que fora minha advertência – "ela pode morrer esta noite" – que o obrigara a sair de casa com aquele tempo. Havia dez pessoas no quarto, incluindo o padre: um homem alto, corpulento, com seus quarenta e tantos ou cinquenta e poucos anos – mais bem nutrido quando criança que seus paroquianos. Ele me fez um aceno de cabeça, postado ao pé da cama. Dando uma olhada do vão da porta, pude ver que a sra. Stafford já tinha bebido o sangue de Cristo, recebido o viático e agora estava deitada apoiada em travesseiros.

Esperei do lado de fora, junto à porta. No sofá atrás de mim pude ver que a ficha em que eu havia escrito estava aberta: toda a família estivera debruçada sobre ela como sobre folhas de chá. As orações se prolongaram por mais dez, quinze minutos. Depois houve um alvoroço, e, um a um, o filho e a filha da sra. Stafford, sua neta e vários netos começaram a deixar o quarto. "Boa noite, padre", eu disse ao sacerdote quando ele passou rente a mim ao sair do quarto. "Boa noite, doutor", respondeu, dando-me uma batida no ombro e um sorriso rápido, formal; "Está fazendo um belo trabalho". Antes que eu pudesse retribuir, "O senhor também", ele já desaparecera.

Entrei no quarto. A sra. Stafford abriu os olhos e tomei-lhe a mão, perguntando-me se conseguia me reconhecer. "Estive com você mais cedo", falei, "sou o médico." Ela grunhiu um reconhecimento, fechou os olhos de novo e deitou a cabeça de volta no travesseiro. Dessa vez a pulsação estava mais rápida e não pude encontrar sua pressão sanguínea de maneira nenhuma. As mãos e os pés estavam tão frios quanto antes. "Ela diz que sente frio", acrescentou a filha, entrando atrás de mim de volta da sala. "Ligamos o cobertor elétrico, mas..." Abri o roupão da sra. Stafford novamente e comecei a pressionar seu ventre com delicadeza. Ela emitiu um gemido baixo. Puxei mais um frasquinho de morfina e novamente injetei-o sob a pele de seu abdome. "Vocês tiveram de trocar os absorventes muitas outras vezes?", perguntei, olhando para a filha sobre meu ombro. "Sim, duas, desde que você esteve aqui. Mas talvez esteja diminuindo." Puxei o elástico da calça do pijama para cima e olhei para os coágulos de sangue que deslizavam para fora dela como sanguessugas.

"Voltarei antes de terminar meu turno, por volta da hora do café da manhã", falei. "Tente dormir um pouco."

Quando voltei à casa dos Stafford faltava pouco para as 8h. Os caminhões de lixo estavam na rua e a chuva diminuía. Tive de esperar um pouco para que atendessem à porta.

"Bem, ela ainda está respirando", foi a primeira coisa que sua filha disse, afastando-se para me deixar entrar. "Mas quase nada", acrescentou a neta, voltando a se sentar e dando batidinhas na pele tensa e inchada da barriga. "Não disse nada desde que você saiu."

O filho dela dormia no sofá, roncando. Seus chinelos estavam cuidadosamente colocados ao lado do cinzeiro em forma de pequinês. A TV continuava ligada, mas em silêncio. Abri a porta do quarto pela terceira vez. Parecia haver ainda menos cor em seu rosto, apesar da luz natural que agora entrava pela janela e batia sobre ele. "O sangramento parou?", perguntei. "Isto é, tiveram de trocar muitos absorventes?"

"Só um depois que você saiu", disse a neta, "desde então não precisei. Isso é um bom sinal?"

"Às vezes", respondi.

A pulsação estava ainda mais fraca que antes – eu mal podia senti-la. A respiração era profunda, suspirosa e esporádica. Os olhos estavam semicerrados e crostas cinza de saliva tinham se acumulado nos ângulos da boca. Os vincos das rugas pareciam mais atenuados e o tom da pele, amarelado, passava de cera para algo mais semelhante a pergaminho velho. Eu estava de pé segurando-lhe o punho, tentando sentir a pulsação, quando ela deu um suspiro longo, estertoroso, e depois silenciou. Fiquei parado por alguns instantes, por respeito, antes de baixar os olhos para meu relógio de pulso e contar. Um minuto se passou, depois mais um.

"Acabou, não é?", perguntou a filha.

"Sim", falei. "Ela se foi."

E ela começou a soluçar, mas silenciosamente, demonstrando o pranto apenas pelo tremor dos ombros e a maneira como se sacudia na cadeira. Sua própria filha passou-lhe um braço em volta dos ombros e puxou-a para perto.

16. Placenta: coma-a, queime-a, enterre-a sob uma árvore

"Podemos ver do que o costume é capaz, e Píndaro, na minha opinião, estava certo quando o chamou de 'o rei de todos'."

HERÓDOTO, *Histórias*

À PRIMEIRA VISTA, os cordões umbilicais parecem vir do mar: opalescentes e elásticos como folhas de água-viva ou talos de alga parda. Seus contornos são torcidos numa tríplice hélice de vasos sanguíneos: artérias gêmeas espiraladas em torno de uma única veia. Os vasos sanguíneos arroxeados se trançam envoltos numa substância gelatinosa cinzenta composta de uma substância usada apenas em outro lugar do corpo: os humores refrativos do olho. Os cordões parecem macios e delicados, porém, são mais rijos do que sugerem as aparências; durante nove meses, devem atar o bebê à vida.

A menina de rosto enrugado e punhos cerrados que eu acabara de trazer ao mundo já gritava. Sequei-a com uma toalha e por um momento segurei-a abaixo do nível dos quadris de sua mãe. A placenta ainda estava dentro da pelve materna – naqueles primeiros momentos, eu queria deixar o sangue correr para o corpo do bebê. Pus meus dedos novamente no cordão, sentindo a pulsação do pequenino coração dentro dele, como uma mariposa aprisionada. "Está tudo bem?", perguntou o pai. Ele parecia atordoado pela falta de sono e as agonias do parto que acabara de testemunhar.

"Tudo ótimo", falei, "perfeitamente bem." Enquanto eu observava a menina, com os dedos em seu cordão umbilical, a pulsação nele enfraqueceu e depois parou – uma reação ao frescor do ar e aos níveis de oxigênio mais elevados em seu sangue, agora que respirava por conta própria. Dentro de seu fígado e em volta de seu coração, outros vasos sanguíneos se bloqueavam em sincronia. Esses foram "canais" que, durante seu tempo no útero, haviam desviado o sangue ao redor dos pulmões e do fígado em desenvolvimento. Outros vasos para transportar sangue para dentro e fora dos pulmões se abriam ao mesmo tempo – era graças a eles que o sangue da criança se ruborizava com o fluxo de oxigênio. Um buraco em seu coração, necessário para a circulação enquanto ela estava dentro do útero, agora se fechava. Suas artérias umbilicais estavam fechando também, estreitando-se desde a origem, no fundo da pelve, correndo na direção do umbigo. Era por causa desse concerto de mudanças que seu rosto azulado, céreo, começava a ficar rosado. Só depois que a pulsação do cordão parou eu pus nele os clipes plásticos.

A parteira me entregou uma tesoura, raiada e sem ponta depois de muitas passagens pelo esterilizador, e mais uma vez me maravilhei ao ver como uma substância aparentemente tão frágil podia ser tão difícil de cortar; tive de serrá-lo como se fosse uma amarra. Para o parto, a mãe tinha ficado de quatro, mas quando lhe entreguei a filha ela se jogou de costas, puxando o bebê para o seio com um arquejo surpreso. Enquanto mãe, pai e bebê se dissolviam num universo de três, a parteira e eu baixamos os olhos para nos concentrar no fim da tarefa. Aquilo ainda não estava terminado.

O "terceiro estágio" do trabalho de parto é inesperado para muitos, como se o espetáculo devesse se encerrar com o nascimento da criança. Mas uma tempestade de hormônios e química cortava a placenta da parede do útero. Se as contrações ocorrerem de maneira muito lenta, o sangue pode continuar fluindo da parede do útero – uma hemorragia pós-parto. Empurrei minha mão delicadamente, mas com firmeza, no abdome da mãe, que se afrouxava, para sentir se o útero estava encolhendo. Estava.

Com um par de pinças de aço empurrei suavemente o cordão. O bebê permanecia no seio da mãe: enquanto a menina sugava, os hormônios que aceleram a liberação do leite também faziam o útero materno se contrair. Enquanto eu girava as pinças, o cordão empalidecia contra o aço – as artérias e veias dentro dele tinham perdido o vigor e já eram fantasmas do que tinham sido. Depois, quando puxei, o cordão de repente se alargou como o tronco de uma árvore pouco antes que suas raízes se espiralem para dentro da terra. A placenta, um coágulo de sangue violeta, deslizou do corpo da mãe para a cama.

Era pesada – mais de meio quilo –, quase redonda e com cerca de 2,5 centímetros de espessura. Desde cedo, na gravidez, ela tivera de transportar oxigênio, açúcar e nutrientes em direção ao feto em desenvolvimento, assim como levar dióxido de carbono, ureia e outros subprodutos de volta para a mãe. A pressão para essa notável troca havia sido fornecida pelo coração em desenvolvimento do bebê. O sangue da mãe e o do bebê não se misturam, mas os capilares pertencentes

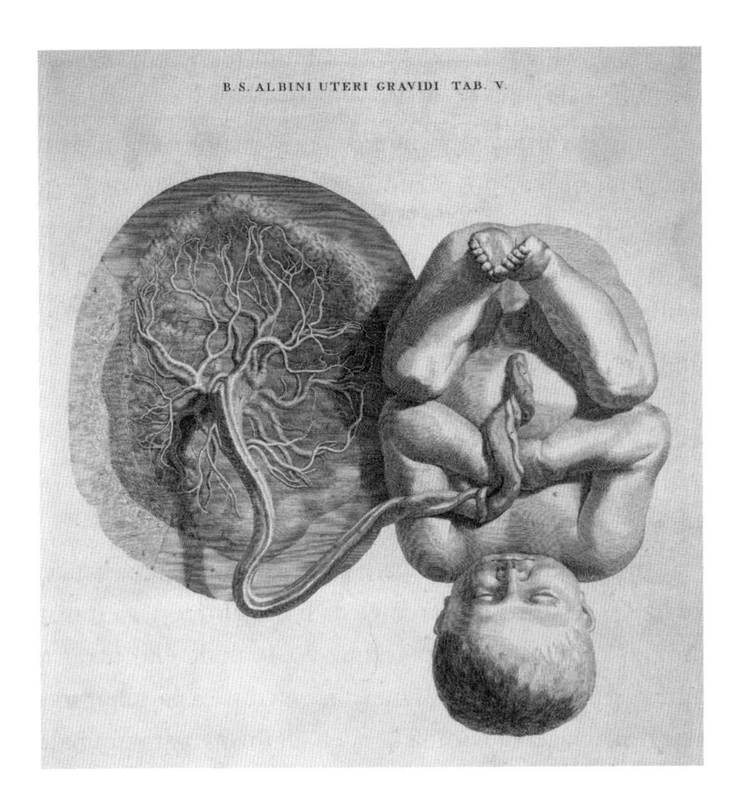

a cada um são tão estreitamente unidos que é como se 1 milhão de pequeninas mãos cruzassem os dedos através da linha divisória da placenta. Da Vinci percebeu essa distinção mais de quinhentos anos atrás, quando muitos de seus contemporâneos ainda acreditavam que os bebês cresciam consumindo o sangue menstrual das mães. Os desenhos da placenta que Leonardo fez revelam uma familiaridade com a placenta das ovelhas; julga-se que ele tenha visto um único cadáver de uma mulher que morreu na gravidez. E não foi só ele: os europeus, ao longo dos séculos, parecem ter tido mais familiaridade com placentas de ovelhas que com as de seus próprios filhos. Até a palavra dos cientistas para a membrana placental, *amnion*, é tomada da palavra grega para "cordeiro".

A maior parte dos elementos de nossa anatomia é suficientemente robusta para nos permitir atravessar pelo menos quatro ou cinco décadas antes de começar a falhar, mas um órgão que precisa durar somente oito ou nove meses mostra quão frágil pode ser o tecido humano. Vi placentas ficarem quebradiças e cinzentas, seja por causa das toxinas a que estiveram expostas ou em razão da implacável abundância de fritura na dieta da mãe. O pior são as placentas de mulheres que fumam muito, coaguladas, cheias de nódulos, amarelas e duras como âmbar-gris.

Mas a placenta estava limpa, e espalhei-a sobre uma bandeja de aço. Os restos transparentes da bolsa amniótica estavam fundidos com a própria placenta, e não pude encontrar nenhum rasgão. "Membranas intactas", eu disse à parteira, antes de pegar a placenta e içá-la desajeitadamente para um balde de plástico. Fechei-a com uma tampa laranja como se vedasse um pote de tinta, em seguida carreguei-a para o compartimento de lixo da enfermaria. Depois de ser o centro do mundo deste bebê, essencial para sua vida e seu crescimento, ela era agora parte da pilha anônima de placentas e cordões umbilicais que tinham sido retirados naquele dia, e que amanhã seriam queimados no forno sob a chaminé do hospital. O que ainda naquela manhã nutria o bebê no dia seguinte seria fumaça flutuando sobre a cidade.

A PALAVRA GREGA *omphalos* tem a mesma raiz da palavra latina *umbilicus*: ambas transmitem o sentido de estar no centro do corpo ou do mundo. Para os gregos, o Ônfalo, uma pedra no Oráculo de Delfos, era considerado o centro da Terra. Por volta da época em que as pessoas faziam peregrinações a Delfos, o viajante e historiador grego Heródoto escreveu sobre a maneira como prevaleciam diferentes costumes em diversas partes do mundo antigo:

> Poderíamos recordar, por exemplo, uma história sobre Dario. Quando ele era rei da Pérsia, convocou os gregos que por acaso estavam presentes em sua corte e perguntou-lhes o que pediriam em troca de comer os corpos mortos de seus pais. Eles responderam que não o fariam por nenhum dinheiro no mundo. Mais tarde, na presença dos gregos, e com a intermediação de um intérprete, de modo que estes pudessem compreender o que era dito, perguntou a alguns indianos da tribo dos calatianos, que de fato comem os corpos de seus pais, o que pediriam para queimá-los. Eles emitiram um grito de horror e o proibiram de mencionar coisa tão horrível.[1]

Para Heródoto, o costume era tudo. Nas últimas décadas, no Ocidente, nosso costume foi queimar placentas junto com curativos sujos, órgãos doentes e agulhas contaminadas no incinerador do hospital.

Assim como os gregos de Dario ficaram horrorizados com a perspectiva de comer seus pais, e os calatianos da Índia diante da desonra de *não* os comer, a prática de comer placenta provoca emoções violentas, tanto a favor quanto contra. Placentas são uma rica fonte de progesterona, o hormônio que mantém a gravidez, e já se disse que uma queda brusca da progesterona do organismo desencadeava a melancolia puerperal – o distúrbio de humor depois do parto que muitas vezes dá lugar à depressão pós-parto. Comer a placenta é um hábito comum entre carnívoros, bem como entre onívoros como os chimpanzés – nossos parentes próximos. É possível que a prática não seja uma questão apenas de alimento, mas de permitir que uma mãe exausta desça suavemente de seu alto nível de progesterona.

Há apenas uma referência à placenta no Antigo Testamento, e está relacionada à quebra de tabus: no Deuteronômio 28:57, uma mulher obtém permissão para comer a placenta, coisa comumente proibida porque sua cidade está sob cerco. Mas em outras culturas em torno da orla do Mediterrâneo a mãe era tradicionalmente estimulada a comer a placenta para ajudar seu leite a descer e reduzir as dores à medida que seu útero se contraía de volta para o tamanho normal.

De Marrocos à Morávia e Java, mulheres comiam as placentas de seus próprios filhos, ou dos de outras mulheres, para ajudar a aumentar sua fertilidade, enquanto na Hungria as cinzas da placenta queimada são oferecidas em segredo como alimento aos homens, no intuito de *reduzir* sua fertilidade (isso não é tão estúpido quanto parece: hormônios sexuais femininos podem ajudar a fertilidade feminina e ao mesmo tempo inibir a produção de esperma, quando ingeridos por homens).[2] Durante a dinastia Tang na China, por volta do século VII d.C., a placenta de uma menina nascida viva era recomendada num feitiço para quem queria se transformar em menina.*

Os ovos dos primeiros vertebrados evoluíram para crescer banhados em água do mar. E, ao desenvolver um útero

---

* O livro de feitiços intitulava-se *Coleção de 10 mil mágicas.*

cheio de líquido amniótico, nós mamíferos desenvolvemos uma maneira de carregar um mar dentro de nós. O fato de as membranas no útero guardarem uma estreita relação com o mar parece ter sido reconhecido desde os primeiros tempos: as membranas amnióticas muitas vezes foram consideradas uma proteção contra o afogamento. Nas culturas das Ilhas Britânicas, um bebê que emergia ainda envolto na membrana amniótica estava destinado a ser um vigoroso nadador e teria boa sorte. David Copperfield, de Charles Dickens, começa sua autobiografia com uma desconcertante discussão sobre como sua membrana amniótica foi posta à venda pela melhor oferta exatamente por esta razão:

> Nasci empelicado, e a membrana foi posta à venda nos jornais ao módico preço de quinze guinéus. Se as pessoas que viajavam por mar naquela época estavam sem dinheiro ou não tinham fé e preferiam os coletes de cortiça, eu não sei; tudo o que sei é que houve apenas um lance solitário.[3]

Em lugares tão afastados entre si quanto o Japão e a Islândia, o método tradicional de descartar a placenta era enterrá-la não sob uma árvore, mas debaixo da própria casa. No Japão o sacerdote escolhia o local, enquanto na Islândia ela era enterrada em posição tal que os primeiros passos da mãe de manhã, ao se levantar da cama, passassem sobre ela. Um texto chinês antigo aconselhava enterrar a placenta e o cordão umbilical profundamente,

> com terra cuidadosamente acumulada sobre eles, para que seja assegurada à criança uma longa vida. Se eles forem devorados

> por um porco ou um cachorro, a criança perde seu intelecto; se insetos ou formigas os comerem, a criança se torna escrofulosa; se corvos ou pegas os engolirem, a criança terá uma morte abrupta ou violenta; se forem jogados ao fogo, a criança sofrerá feridas supurantes.[4]

Os russos consideravam sagrados a placenta e o cordão umbilical;[5] os cristãos ortodoxos os dedicavam em particular à Virgem Maria, a governanta da fertilidade. Após o parto, a placenta ficava exposta por algum tempo no altar da igreja local, onde se acreditava que influenciaria a fertilidade de outras mulheres na comunidade, antes de ser enterrada.

Alguns povos indonésios diziam que, como a placenta e suas membranas pareciam ter vindo do mar, a ele deviam ser devolvidas: após fechadas num pote, eram atiradas ao rio para flutuar de volta ao oceano. Isso era feito para impedir que a placenta caísse em mãos malignas (a ideia de que a placenta é parte da criança, e de certa maneira idêntica a ela, é bem persistente). Outros povos do Sudeste Asiático preparavam um ataúde funerário para a placenta e o envolviam com lamparinas a óleo, frutas e flores, antes de fazê-lo flutuar rio abaixo.

Em algumas culturas, o que se celebrava não era a afinidade da placenta com o mar, mas sua semelhança com uma árvore: a maneira como o tronco espiralado do cordão parece enraizado no solo do útero. Disseram-me que durante o período expulsivo – o segundo estágio do parto – a dor que as mulheres sentem é a de incessantes ondas de pressão combinadas à dilacerante distensão do períneo. Expelir a placenta é muito diferente, é a profunda sensação de desarraigamento, de se arrancar alguma coisa há muito enterrada. Em

O ramo de ouro, a magistral obra de antropologia cultural de James Frazer, descreve-se como várias culturas enterram a placenta sob uma árvore sagrada ou importante, que depois conserva sua conexão com a criança durante toda a vida de ambas. A árvore é rebatizada com o nome da criança e torna-se o centro de seu mundo, assim como o Ônfalo em Delfos era o centro do mundo.

Para a maioria de nós, a paisagem de nossa infância conserva um poder especial; sua influência formativa e duradoura é uma experiência comum. No Ocidente em geral não santificamos essa paisagem enterrando placentas nela, ou dedicando a placenta a uma deusa local da fertilidade, mas ainda assim ela pode possuir um sentido do sagrado. No final dos anos 1970, Seamus Heaney leu um ensaio na Rádio BBC, "Mossbawn", em que descrevia o quintal da casa de fazenda onde cresceu com essas características.[6] Ele intitulou a sequência de abertura de "Ônfalo", e descreveu ali como a bomba-d'água atrás da porta dos fundos era o centro de seu mundo infantil. As Forças Armadas americanas realizavam manobras no condado de Derry, os bombardeiros voavam baixo rumo a uma base aérea próxima, mas os ritmos da casa permaneciam imperturbados em relação aos grandes eventos históricos. O zumbido dos bombardeiros era distante; mais próximo era o som da água caindo nos baldes, repetindo *ônfalo, ônfalo, ônfalo*, enquanto as mulheres faziam fluir, de uma única bomba, água para cinco lares. O ônfalo era o ponto imóvel no centro de sua vida – imóvel, mas manando com a água da vida e sustentando as vidas de todos os que habitavam à sua volta. Heaney sentia-se ancorado pela bomba-d'água, assim como o cordão umbilical ancora o bebê no útero ao longo dos nove meses.

Em sua transmissão radiofônica, Heaney não se contentou em meditar apenas sobre a bomba – seu círculo da paisagem sagrada de sua infância se alargou, abrangendo um campo de ervilhas ("uma teia verde, uma membrana amniótica de luz estriada"), depois uma sebe, a forquilha de uma faia, o estábulo de feno e o tronco oco de um velho salgueiro. O salgueiro era seu favorito; ele pousava a testa contra a casca e sentia a copa da árvore balançando acima dele, ambos abraçados pelo bosque e carregando-o às costas tal como Atlas transportava o mundo. Depois, numa súbita mudança de mitologia no meio da frase, ele lembrou os galhos com ramificações que surgiam de sua cabeça como se ele fosse Cernuno, um dos deuses do panteão celta. A paisagem era sagrada, *ônfalo* e membrana amniótica, e pouco importava que se usassem tradições cristãs, gregas ou celtas para expressar essa santidade.

PODEMOS COMÊ-LA, queimá-la, fazê-la flutuar numa balsa ou enterrá-la sob uma árvore. Podemos chamar um padre para nos ajudar a enterrá-la debaixo da casa. Podemos vendê-la pela melhor oferta, jogá-la na maré alta ou escondê-la dos maus espíritos. Em sistemas de saúde modernos, ricos, uma nova possibilidade surgiu: tê-la preservada criogenicamente.

Soterradas na substância gelatinosa do cordão umbilical há células geneticamente idênticas ao bebê, mas que não foram diferenciadas em nenhum tipo particular de tecido. Essas células "indiferenciadas" são um tipo de "célula-tronco", porque, assim como é possível fazer uma árvore crescer a partir de uma só muda, elas são troncos a partir dos quais outras partes do corpo podem teoricamente se desenvolver. As células dentro do cordão umbilical têm o potencial de se desenvolver em tecidos como medula óssea, enquanto as células dentro da substância gelatinosa do cordão estão relacionadas aos componentes estruturais do corpo: osso, músculo, cartilagem e gordura.

Os folhetos anunciando criogenia umbilical vêm com dois tipos de ilustração: crianças lindas e sorridentes brincando ou cientistas com trajes antirradioativos ocupados em algum trabalho laboratorial desafiador. Não há imagens representando esclerose múltipla, doença de Parkinson ou leucemia, embora as empresas afirmem que armazenar células-tronco talvez seja uma medida de segurança contra essas doenças na vida futura. Podemos doar células-tronco a um banco público, para uso de qualquer pessoa, ou pagar a uma empresa privada para armazenar o cordão umbilical e as células-tronco de nosso bebê para uso exclusivo de nossa família.

Algumas culturas argumentam que a conexão visceral do bebê com seu cordão umbilical é uma associação que perdura pela vida inteira, e por essa razão o cordão deve sempre ser manipulado com respeito. As empresas de criogenia concordam: se você quiser que um banco privado armazene o cordão umbilical de seu bebê, pode tomar providências para que um cientista do laboratório fique de prontidão no nascimento de seu filho, a fim de extrair as células-tronco no período em que elas ainda são viáveis. A associação do seu bebê com o cordão por toda a vida pode se manter mediante pagamentos regulares com cartão de crédito. O National Health Service do Reino Unido tem um serviço de armazenamento de sangue de cordão umbilical, preservando células-tronco para pesquisa e investigando seu uso em transplantes de medula óssea para quem quer que deles necessite. Em uma década deixamos de jogar a placenta fora e passamos a reinvesti-la de uma significação profunda que parecia esquecida.

Há algum debate sobre se os bancos privados poderão algum dia fornecer células-tronco suficientes para tratar um adulto. Assim, ainda há controvérsia para saber se os altos custos da preservação do cordão de uma criança para seu próprio uso se justificam. Enquanto o africano oriental podia se sentir ligado à sua árvore umbilical, que o enraizava num trecho particular da Terra, é improvável que você extraia força e sensação de pertencimento de visitas regulares a um laboratório de criogenia. Os próprios laboratórios compartilham espécimes, e seu cordão pode acabar armazenado em outro país, inacessível para você ou para seu filho. Mas pelo menos estará fora do alcance de formigas, porcos, cachorros e pegas.

Membros inferiores

17. Quadril: Jacó e o anjo

"Seus quadris eram titânio-vanádio, onde o anjo tocou."

IAIN BAMFORTH, "Unsystematic anatomy"

O QUADRIL É uma articulação forte: uma junta protuberante profundamente presa numa cavidade do esqueleto pélvico. Ele está enterrado sob camadas dos músculos mais espessos e fortes do corpo. Há quatro grupos principais desses músculos, e todos estão ativos quando andamos: dois grupos têm ação maior no quadril, dois, no joelho. O processo de dar um passo envolve inúmeros ajustes, cada músculo testando a si mesmo continuamente contra a força de todos os outros. Cada movimento deve levar em conta o terreno irregular, os movimentos do tronco, o equilíbrio e a cinética da outra perna.

Há um romance do escritor germano-italiano Italo Svevo em que o protagonista, homem de negócios hipocondríaco chamado Zeno (como o filósofo grego do paradoxo), encontra um antigo amigo de escola a quem não via há muito tempo. O amigo sofre de artrite debilitante, e Zeno fica surpreso ao vê-lo andar com a ajuda de muletas. "Ele tinha estudado a anatomia da perna e do pé", diz Zeno, "e contou-me rindo que, quando andamos depressa, o tempo que levamos para dar cada passo é menos de meio segundo, e dentro desse meio segundo nada menos que 54 músculos estão em movimento."[1] Zeno fica horrorizado com essa "monstruosa maquinaria" em sua perna, e imediatamente volta sua percepção para dentro, na esperança de sentir cada uma das 54 partes móveis. A consciência mais profunda que atinge não lhe fornece melhor compreensão de seu corpo; em vez disso, ele fica perplexo com sua própria complexidade. "Andar tornou-se um trabalho difícil e também doloroso", escreveu Svevo. "Mesmo hoje, enquanto escrevo, se alguém me observa ao andar, os 54 movimentos parecem ser demais, e corro o risco de cair." O quadril e seus movimentos tornam-se tão fundamentais para o sentido de identidade de Zeno que, basta pensar neles, logo fica imobilizado.

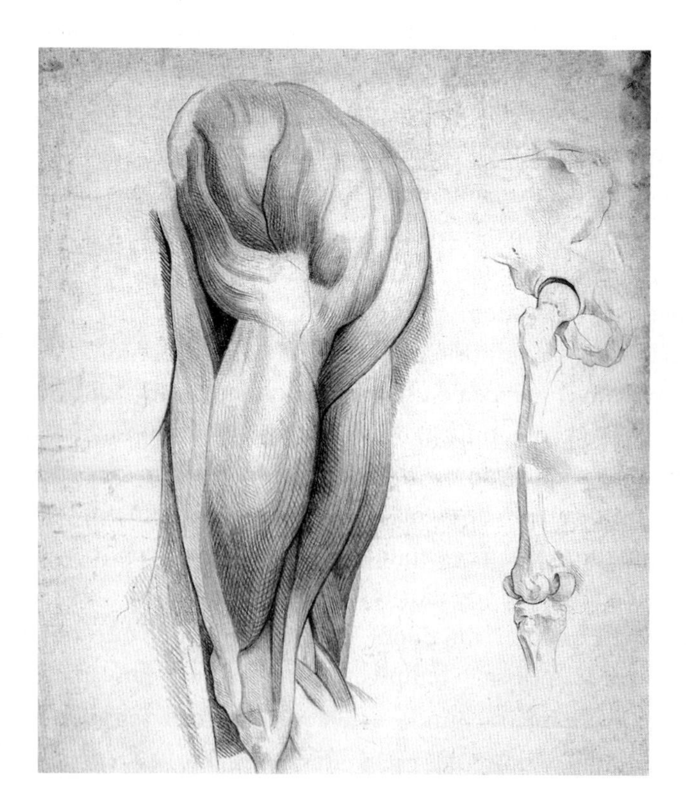

Os quadris causam toda sorte de problemas, e questões às vezes pouco importantes na infância podem causar claudicação definitiva se não forem tratadas. O feto se encaixa no útero melhor se puxa as pernas para cima, mantendo-as cruzadas; se não estiverem flexionados dessa maneira, os quadris se desenvolvem com encaixes irregulares e rasos ("displasia do desenvolvimento"). Quando o bebê começa a dar passos, o desenvolvimento do andar será difícil e lento. Examino todo recém-nascido para ver se apresenta esse problema: seguro as pernas do bebê, encaixo bem cada joelho na palma de minha mão e ponho as pontas dos dedos sobre seus quadris. Fazer pressão sobre os joelhos e esticar as coxas para fora e para dentro, isso ocasionalmente produz um sutil e agourento estalo. O tratamento é simples, embora exija muito, tanto do bebê quanto dos pais: ambas as pernas devem ser largamente abertas e imobilizadas numa tala durante os primeiros meses de vida.

Depois de um ano ou dois, outro problema pode ocorrer no quadril em desenvolvimento: crianças que têm infecções virais às vezes apresentam um acúmulo isolado de fluido dentro da articulação. Elas começam a claudicar e sofrem quedas; esses "quadris irritáveis" se aquietam sem tratamento no curso de algumas semanas. Quando as crianças têm cinco ou seis anos, outra dificuldade pode surgir: uma perturbação do fluxo sanguíneo causa o amolecimento e a distorção da cabeça protuberante do fêmur. Trata-se da "osteocondrite", quatro vezes mais comum em meninos que em meninas, e com frequência é necessária uma cirurgia para restaurar a forma do osso dentro do quadril.

Depois que os anos de risco de osteocondrite passaram, e as crianças chegam à adolescência, elas podem desenvolver um quarto problema de quadril: entre a protuberância que articula com o quadril e o fêmur há uma placa de crescimento dentro do osso que permite o alongamento da coxa. Esta pode algumas vezes se desprender e deslizar – uma "epífise proximal do fêmur". Se não for consertada por cirurgia, o adolescente pode ficar com claudicação permanente.

Um dos meus instrutores de anatomia costumava dizer que a melhor prova a favor da evolução contra o criacionismo é a quantidade de defeitos que temos – o corpo humano poderia ser muito mais bem projetado. Grande parte do sofrimento que nossos quadris nos infligem é resultado de seu parco abastecimento de sangue. Há muitos lugares no corpo com um abastecimento de sangue maior do que o realmente necessário – podemos bloquear uma artéria para o estômago, a mão, o couro cabeludo ou o joelho com pequenas consequências. Mas o quadril é muito mais vulnerável: em comum com o olho, o cérebro e o coração, ele tem um abastecimento de sangue que pode ser facilmente obstruído. Bloqueio de sangue para o cérebro resulta em derrame, para o olho, em cegueira, para o coração, em ataque cardíaco. Perda de sangue em direção ao quadril pode ser igualmente catastrófico – até fatal.

Se uma pessoa com mais de 75 anos cai pesadamente sobre o quadril, tem mais ou menos uma chance em dez de quebrar o osso.[2] Uma fratura no quadril muitas vezes interrompe o fornecimento de sangue para a protuberância arredondada da articulação, e o tecido dentro dessa protuberância morre. Essas fraturas não podem ser reparadas; a única solução é cortar fora a articulação e substituí-la por outra artificial.

Homens e mulheres idosos debilitados, já tão fracos que começam a cair, frequentemente se esforçam para se recuperar de uma grande cirurgia como essa. Cerca de 40% deles vão acabar numa casa de repouso por causa da queda, e 20% nunca voltarão a andar.[3] Entre 5 e 8% morrerão dentro de três meses depois da queda.[4]

O QUADRIL PODE REPRESENTAR a vida que trazemos dentro de nós como seres humanos. Os budistas tibetanos fazem trombetas com o osso para lembrar a si mesmos da morte, e no livro do Gênesis o quadril é considerado uma das principais fontes da vida humana. Jacó, neto de Abraão, ludibria seu irmão, Esaú, induzindo-o a renunciar à sua herança. Os dois são gêmeos, e esta não é sua primeira luta: antes disso, já soubemos que Jacó nasceu segurando o calcanhar do irmão (seu nome, Yaakov, está relacionado à palavra hebraica *akev*, que significa "calcanhar").[5]

No princípio da história, Jacó preparou centenas de animais como presente de apaziguamento para Esaú. Antes que possa oferecê-los ao irmão, ele é atacado por uma figura angélica que o derruba no chão. O *Zohar*, um comentário místico, cabalístico, sobre os primeiros livros da Bíblia, descreve o agressor como representante do lado mais obscuro da humanidade, e o combate entre ele e Jacó, como uma alegoria da luta para viver uma vida moralmente reta. Os dois lutam "até o romper do dia", e Jacó tenta arrancar uma bênção da figura. Quando o anjo percebe que não pode competir com Jacó de maneira justa, encerra a luta à força, deslocando-lhe o quadril e deixando-o com uma claudicação permanente, como lembrete da noite em que enfrentou um anjo e quase venceu. O capítulo se encerra com a proclamação do recém-nomeado Israel, de que ele viu "a face de Deus", e explicando que os "tendões" sobre o quadril do animal são dali em diante um alimento proibido para os judeus, "porque ele tocou o encaixe do quadril de Jacó no tendão".

Rabinos e estudiosos hebreus não conseguem chegar a um acordo sobre o verdadeiro significado da história. Uma perspectiva é que o quadril e a coxa eram, para a antiga cultura semita de Abraão e Jacó, depósitos de energia sexual e criativa. A palavra no texto, *yarech*, poderia se referir à curva interna da coxa onde ela se dobra sobre o escroto nos homens e a vulva nas mulheres – um erudito hebreu disse-me que ela é provavelmente mais bem traduzida como "virilha". A mesma palavra é usada no livro de Jonas para descrever a cavidade interna de um barco, e no capítulo 24 do Gênesis Abraão pede a seu servo para prestar um juramento tocando-o na cavidade da coxa – uma referência ao antigo costume de jurar pelos testículos (daí a palavra "testemunhar"). Dessa perspectiva, ao tocar a virilha e o quadril de Jacó, o anjo transmitiu-lhe a força e a autoridade para fundar toda uma nação.

Há uma posição teológica rival que afirma que a claudicação subsequente de Jacó é o fator mais importante na parábola: seu ferimento é um lembrete de que os judeus não deveriam buscar ser independentes. Jacó tentou enfrentar um anjo e, por ser humano, fracassou. Sua claudicação marcou-o como vulnerável e mortal, a exemplo de todos nós. Nesse sentido, a força e o progresso do povo judaico dependem de um reconhecimento de que Deus decide se fracassamos ou prevalecemos, vivemos ou morremos.

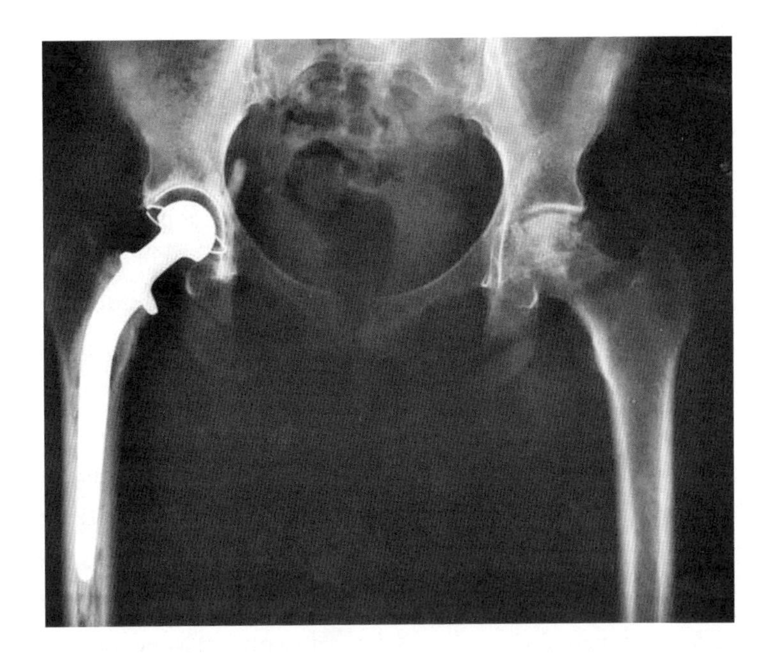

O PRIMEIRO PLANTÃO em hospital que fiz em minha vida foi um turno de 54 horas cobrindo a ortopedia. Antes desse turno, eu nunca tinha passado sequer 24 horas sem dormir, e minha lembrança dessas horas é nebulosa e alucinatória; um delírio de privação de sono e pânico. Em minha formatura na Faculdade de Medicina, cerca de duas semanas antes, haviam me concedido uma medalha de ouro e entregado um certificado que me conferia os graus de "Bacharel em Medicina e Bacharel em Cirurgia com Honras". Medalha de ouro ou não, ficou imediatamente claro o quanto eu ainda tinha a aprender.

As pessoas rapidamente se transformam em seus diagnósticos. Atendi tornozelos quebrados, punhos destroncados, ombros deslocados e colunas esmagadas – cada indivíduo devia ter sua papelada preenchida, seus raios X e exames de sangue providenciados, e, se precisasse de uma operação, eu tinha de explicar os riscos da cirurgia e fazê-lo assinar um termo aceitando esses riscos. Ao mesmo tempo, havia duas enfermarias cheias de pacientes que precisavam ser examinados e atendidos, centenas de medicamentos e fluidos intravenosos para prescrever, e meu chefe a ajudar na sala de cirurgia.

Um dos primeiros pacientes que atendi na vida foi Rachel Labanovska, um "colo do fêmur fraturado", segundo minha nova linguagem técnica, porém, em termos humanos, uma senhora de 84 anos que costumava viver confortavelmente e sozinha, cuidando de suas próprias coisas, embora precisasse da ajuda de um andador de metal. Alguns anos antes ela tinha caído e fraturado o quadril esquerdo: ele fora substituído por outro, de liga de metais, que a ajudara a manter alguma liberdade e independência. Alguns dias antes que eu a encontrasse, ela havia desenvolvido uma infecção no peito – sua filha notara uma tosse –, e o médico da família prescrevera antibióticos. Os antibióticos não funcionaram bem o suficiente, e ela ficou febril e delirante, caindo sobre o andador de metal e quebrando o outro quadril. Passou 18 horas deitada no piso da cozinha antes que a filha a encontrasse; quando a vi, estava hipotérmica e próxima da morte. Estava deitada numa maca e com alucinações, os membros finos como varetas, agitando os dedos no ar como se cada um fosse uma varinha de condão. A perna direita estava mais curta do que devia e o joelho, virado para um lado: "encurtada e externamente rotada", como diziam os livros-texto. Quando tentei retirar sangue de seus braços, o langor desapareceu: ela cravou as unhas na minha pele e gritou como se estivesse sendo estripada. Tive de segurá-la para tirar sangue e, como sua temperatura continuava perigosamente baixa, de sedá-la para que ficasse debaixo do cobertor de ar quente que colocaríamos para aquecê-la.

A sra. Labanovska estava presa num terrível paradoxo: sem cirurgia para substituir o quadril, ia morrer de pneumonia, mas, por causa da infecção nos pulmões, estava fraca demais para sobreviver à cirurgia. Levei sua filha para um lado a fim de lhe explicar. Esperança, medo e ansiedade passaram por seu semblante como sombras de nuvens. "Mas e agora?", perguntou-me ela. "Minha mãe é uma batalhadora, viajou pelo mundo todo. Não suportaria depender dos outros, vivendo numa casa de repouso."

"Vamos levá-la para o andar superior e lhe dar antibióticos fortes", falei. "Você diz que ela é uma lutadora, talvez se recupere o suficiente para a cirurgia."

Ela foi levada para uma sala lateral na enfermaria ortopédica, onde lhe apliquei antibióticos, uma máscara que fornecia oxigênio de alto fluxo (que, em sua confusão, ela ficava puxando), e providenciei para que um fisioterapeuta a ajudasse a expelir o muco dos pulmões e melhorasse sua respiração. Já vi a morte chegar tão mansamente quanto uma vela que se apaga, ou terrível e avassaladora – uma estrela negra. A sra. Labanovska era pequenina e enrugada, mas sua vida fora ousada e expansiva, e sua morte estava à altura de seu drama. Durante as primeiras horas ela ficou quieta, só murmurando quando era perturbada por mim, os enfermeiros ou os fisioterapeutas. Depois o delírio causado pela infecção apossou-se dela com mais força: a confusão carregada de fúria começou a se adensar em sua mente. Ela tentou muitas vezes sair da cama, mas gritava de agonia sempre que tentava mover o quadril quebrado. Não conseguia ficar de pé. Em algum momento, no meio da primeira noite, sua filha foi para casa descansar, sendo substituída por um filho, que ficou sentado junto de sua cama enquanto ela se retorcia e gemia. Dei-lhe morfina para a dor, contudo, se exagerasse a dose, isso apressaria sua morte, e ainda havia uma chance de que ela sobrevivesse e tivesse condições de passar por uma cirurgia.

Nas rondas da manhã seguinte, 24 horas depois do início do turno, o cirurgião encarregado explicou ao filho que as horas seguintes seriam decisivas: se a respiração da doente não melhorasse, era improvável que ela conseguisse sobreviver mais uma noite. A pulsação da sra. Labanovska nessa altura era o que se chama de "galopante": uma fuga rumo à inconsciência. Ela ainda gritava quando movida, mas havia desistido de tentar fugir da cama. Ao longo do dia tentei visitá-la, conversar com o número crescente de parentes que a rodeava, mas só tive oportunidade depois da meia-noite do segundo dia. Ela estava tranquila: embora sua respiração fosse espasmódica, estava menos atormentada por sua luta contra a pneumonia e o quadril quebrado.

Durante o almoço com meus colegas no dia seguinte, eu estava com os olhos embaçados de exaustão quando meu pager bipou mais uma vez. "É a sra. Labanovska", disse a enfermeira na outra ponta da linha. "Ela morreu. Quer atestar a morte, ou devo chamar outra pessoa?"

"Que foi?", perguntou o residente quando desliguei o telefone.

"A sra. Labanovska morreu. Tenho de descer para atestar a morte."

"Não se apresse", disse ele de boca cheia. "Deixe a pobre mulher esfriar primeiro."

Quando cheguei à enfermaria, a família estava reunida fora do quarto. As enfermeiras haviam preparado o corpo cuidadosamente e feito seu leito de morte com lençóis limpos. Enquanto eu tentava ouvir um batimento cardíaco que não vinha, e projetava uma luz em olhos que não viam, relanceei a perna encurtada, rotada, que a matara.

Quando alguém deve ser cremado em vez de enterrado, há dois formulários a serem preenchidos pelo médico de serviço: o atestado de óbito e o registro de cremação. Este último atesta que não houve nenhuma característica suspeita em torno da morte, portanto, a incineração do corpo não destruirá evidências. Ele também serve para tranquilizar os agentes funerários de que não há nenhum marca-passo ou implante radioativo no corpo. Marca-passos podem explodir quando submetidos ao calor de um crematório, e implantes radioativos, usados no controle de alguns cânceres, são perigosos se deixados entre as cinzas.

"Ela será cremada", disse a enfermeira, entregando-me o formulário. Fiquei de pé no meio da enfermaria, com a filha e o filho da sra. Labanovska ao meu lado, respondendo às questões deprimentes, burocráticas, enquanto os maqueiros passavam apressados por nós, carregando outros pacientes, e os telefones tocavam sem parar na mesa. "Vocês têm, até onde estão informados, algum interesse pecuniário na morte da falecida?" Não. "Têm alguma razão para suspeitar que a morte envolveu: a) Violência, b) Veneno, c) Privação ou negligência? Não, Não, Não. "Têm alguma razão, seja ela qual for, para supor que seja desejável um exame adicional do corpo?" Não. Por fim, eu tinha de assinar o atestado "com alma e consciência"; as palavras finais destacadas em vermelho, como se em letras de fogo.

"Meu Deus!", disse a filha, de repente. "E quanto ao outro quadril?"

"Perdão?"

"O quadril esquerdo, o que foi substituído. É feito de metal. O que vai acontecer se for cremado?"

"Não se preocupem com isso", respondi, "o crematório irá separá-lo para vocês."

Os CREMATÓRIOS PERGUNTAM aos parentes se gostariam que as partes metálicas do corpo de seus entes queridos lhes fossem devolvidas ou enviadas para reciclagem. Quadris, joelhos e ombros protéticos contêm algumas das ligas de mais alto desempenho já inventadas: combinações de titânio, cromo e cobalto que, após dar mobilidade e independência aos idosos em seus últimos anos, são recolhidas pelo crematório, fundidas e transformadas em peças de precisão para a engenharia de satélites, turbinas eólicas e motores de avião.

HÁ UMA PERSISTENTE fascinação pela luta de Jacó porque ele parece se atracar não apenas com um anjo, mas também com a fragilidade e resiliência que todos nós encarnamos como seres humanos. Alguns comentaristas chegaram a ponto de ver nela todas as marcas distintivas de uma história folclórica clássica, em que o indivíduo inicia uma jornada perigosa, enfrenta forças que buscam destruí-lo, é estigmatizado por essa luta, mas finalmente triunfa.[6] Esse é um padrão que espelha as histórias de convalescença ocorridas em enfermarias ortopédicas e de reabilitação no mundo inteiro – jornadas como aquela que

Rachel Labanovska fez quando fraturou o quadril esquerdo e o teve substituído com sucesso, uma experiência pela qual foi marcada, mas de que se recuperou.

Alguns dos mitos mais duradouros têm várias camadas de possível interpretação e traços que ressoam através das culturas. Alguns concluem naturalmente com a vitória do herói, mas, embora obedeçam a padrões, nem todos têm finais felizes. No Gênesis, Jacó consegue chegar até uma nova pátria em Canaã, mas a narrativa o arrasta para o Egito. Ele morre ali muitos anos depois, um homem velho e conturbado. O capítulo 49 do Gênesis mostra-o distribuindo bênçãos – algumas cruéis, algumas benévolas – entre seus doze filhos. Depois, "ao terminar de dar todas essas instruções, Jacó recolheu seus pés sobre o leito, expirou e foi reunido ao descanso com seus antepassados" – ele não foi transfigurado nem transportado ao céu. Rachel Labanovska teve um fim mais adequado, mítico: alguma parte dela continua a viver, e está neste instante mesmo rodopiando pelo céu como uma turbina, ou orbitando muito acima do planeta que ela um dia explorou.

18. Pés e dedos dos pés: passos no porão

"É um pequeno passo para o homem, mas um salto gigantesco para a humanidade."

NEIL ARMSTRONG

OUTUBRO EM GRANADA: o velho bairro árabe do Albaysín volta sua face para o sul, em direção ao calor da África. As ruas estreitas e a arquitetura ainda fazem eco à glória da Espanha mourisca. Vim para me hospedar com um amigo que mora ali numa casa tradicional – um *carmen granadino*. As paredes seguem os contornos da encosta: entramos por uma porta no nível da rua e subimos a um andar superior na frente da casa, depois descemos por uma escada de madeira para uma área de estar. A sala abre para um jardim voltado para o sul.

No fim do jardim há um sacrário – não há outro nome para ele – construído sobre o túmulo de um pequenino dedo do pé mumificado, enterrado num minúsculo caixão. O dono da casa, Chemi, é também o dono do dedo. Ele o perdeu num acidente de trânsito em 1994, e com a indenização do seguro teve condições de dar a entrada para comprar a velha casa. Renomeou-a oficialmente Carmen del Meñique – "A Casa do Dedinho".

Desde que perdeu seu dedo, todo ano em outubro Chemi faz uma *romería* – uma cerimônia tradicional de luto. O dedo é exumado e levado em procissão pelas ruas da cidade num andor decorado, mais comumente usado para carregar imagens de Cristo ou da Virgem – proclamado como uma relíquia incorrupta. Pode haver nada menos que duzentos devotos ali, e, à medida que avançam em torno do Albaysín, eles cantam lamentos, abrindo caminho rumo a uma fonte consagrada, onde ungem o coto do pé de Chemi e depois fazem uma festa pagã. Após um circuito pelas ruas de Granada, o dedo-relíquia é reenterrado até o ano seguinte.

O pé é muitas vezes negligenciado pelos anatomistas, relegado às últimas páginas dos livros-texto e aos últimos dias de revisão para os estudantes. Mas diz-se que a estrutura anatômica do pé nos revela algo essencial sobre a humanidade, sobre como nossos ancestrais saíram das florestas como sí-

mios e andaram rumo ao que somos modernamente. Houve alguma coisa na procissão do dedinho que me impressionou como quintessencialmente humano: a capacidade de zombar de uma cerimônia solene e transformar dor e perda em celebração gloriosa.

Em 1978 a paleoantropóloga Mary Leakey descobriu três conjuntos de pegadas antigas na planície de Laetoli, na Tanzânia. As pegadas se estendiam por quase 27 metros e pareciam ser de um homem, uma mulher e uma criança, andando juntos por uma cinza vulcânica úmida que mais tarde se solidificou em rocha. A meio caminho do trajeto percorrido pelas pegadas, uma figura parou por um momento, como se indecisa, virou-se para a esquerda, depois foi adiante. Mais cinza caiu sobre as pegadas e preservou-as. Chovia enquanto eles caminhavam; a cinza preservou também a marca de gotas de chuva.

As marcas foram feitas mais de 3,5 milhões de anos atrás. Os que andavam não eram seres humanos tais como os conhecemos hoje, mas *Australopithecus afarensis*, uma das raízes hominídeas da árvore genealógica da humanidade. Os *Australopithecus* tinham cérebros pequenos, semelhantes aos dos gorilas, ainda não sabiam como lascar pedra para fazer ferramentas, mas, ao contrário dos gorilas, andavam eretos como nós. O que a figura parou para observar? Poderia ser um vulcão próximo em erupção, a fonte da cinza vulcânica carregada pelo vento sobre a planície. Talvez o grupo fosse uma família fugindo da erupção, de um céu ameaçador, cada vez mais escuro. O pé esquerdo de um dos conjuntos de pegadas se imprimira mais profundamente na cinza, como se carregasse um bebê, um fardo, ou mesmo como se lutasse com uma claudicação.

Os especialistas em anatomia funcional são capazes de estimar o peso e a velocidade do andar e determinar a espécie a partir dessas sutis pegadas na cinza: para os não especialistas, elas são indistinguíveis das nossas próprias pegadas humanas. Simulações de computador baseadas em restos fósseis estimaram a velocidade, o andar e o comprimento do passo. Como nós, os *Australopithecus afarensis* tinham dedões do pé alinhados com os outros dedos, arcos nos pés e andavam batendo no chão primeiro com o osso do calcanhar (calcâneo), e depois se afastando do chão com a força dos dedos. Antes que as pegadas de Laetoli fossem encontradas, julgava-se que um aumento no tamanho do cérebro ocorrera antes que os hominídeos começassem a andar eretos, mas Laetoli provou o contrário: foi somente ao aprender a andar eretos que libertamos nossos cérebros e nossas mãos para manipular os conceitos abstratos e as matérias-primas do mundo.

Os estudantes de medicina podem aprender a anatomia do pé por último e lhe dedicar pouca atenção, mas o pé é uma maravilhosa engenharia – quando corremos, cerca da metade de toda a energia empregada em cada passo é armazenada na elasticidade de nossos tendões de aquiles e lançada nos arcos do pé. A forma de nossas pegadas é um reflexo de três arcos que sustentam nosso peso: dois ao longo do comprimento de cada pé e um no sentido da largura. Os pais se preocupam com "pés chatos" de seus filhos não apenas porque parecem estranhos. Eles podem ocasionar dor e desfiguração. Como o arranjo dos vãos numa ponte, os arcos do pé são necessários para a força: sem eles, o pé não pode suportar adequadamente o peso de nossos corpos.

Os arcos do pé são sustentados de quatro maneiras. No ápice de cada um dos três arcos há ossos que são moldados como pedras angulares, com as superfícies em cunha voltadas para o solo. Há ligamentos juntando cada osso ao longo da superfície inferior, como os grampos que correm entre cada pedra do lado inferior de uma ponte. Tendões e ligamentos duros, mais longos, correm de um lado do arco a outro, como os caibros que prendem as duas extremidades de um vão. Outros tendões ancorados na perna suspendem os arcos como os cabos de uma ponte suspensa.

A negligência da anatomia do pé é imerecida. Se acreditamos nas evidências das pegadas de Laetoli, foi graças aos arcos de nossos pés que ingressamos na humanidade.

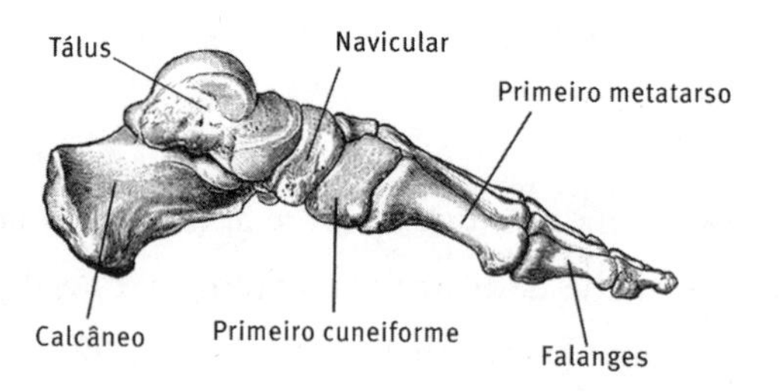

Andar por tempo excessivo ou sobrecarregado de peso leva a fraturas de estresse nos ossos metatársicos, como fissuras na pedra de uma ponte superestressada (elas são chamadas "fraturas de marcha", porque foram reconhecidas primeiro em soldados em marcha). Ligamentos que prendem o arco no lugar às vezes ficam irritados e inflamados; essa "fascite plantar" pode ser atormentadora e difícil de resolver. A gota frequentemente ataca a junta na planta do pé, e neuromas de Morton – inchações dolorosas que se desenvolvem nos nervos – muitas vezes se desenvolvem nos espaços entre os dedos dos pés. Crianças com pés chatos precisam passar por uma avaliação para ver se precisam de palmilhas ou mesmo de sapatos especiais, a fim de que seus ossos se desenvolvam num arco de apoio. Mesmo que se dê escassa atenção aos pés na Faculdade de Medicina, os médicos qualificados não têm outra alternativa além de dedicar tempo para pensar sobre sua anatomia e como curá-los quando eles se desarranjam.

Um de meus professores de anatomia foi Gordon Findlater: um nativo de Aberdeen franco e direto, com mãos rápidas e uma barba prateada. Antes de se tornar anatomista, Gordon havia trabalhado como engenheiro telefônico. Talvez fosse um professor nato, ou talvez seu trabalho consertando telefones lhe tivesse dado talento para a comunicação. Ele nos perguntou: "Qual é o mais especializado, em termos de sua função, e específico de seres humanos: a mão ou o pé?"

"A mão!", gritamos. "Polegares opositores!"

"Errado", respondeu ele, explicando que polegares opositores são uma modificação fácil, apenas sutilmente diferente da mão dos símios. "É o pé que está adaptado para andar de pé", disse ele, "o pé é o que há de mais específico em nós seres humanos."

Eu trabalhava para Gordon preparando dissecações de anatomia humana como demonstrações para estudantes. Em cima, na sala de dissecação, tetos altos e cheios de correntes de ar eram sustentados por elaboradas vigas de ferro fundido, e durante a maior parte do ano uma luz fria, alvejante, penetrava por suas janelas voltadas para o norte. Empoleirado num tamborete alto, eu trabalhava sobre bandejas de partes do corpo, ou às vezes um cadáver inteiro. Era um trabalho repousante, meditativo, que ocupava igualmente mãos e mente. Era também revelador: eu me descobria tomado por uma sensação de assombro diante da complexidade de nossos eus físicos. Havia satisfação quando um arranjo anatômico difícil era revelado: o plexo braquial, por exemplo, ou o curso de uma artéria pélvica. Ao dissecar os sistemas de roldana de tendões e nervos que controlam os dedos, eu me maravilhava ao ver que aqueles mesmos mecanismos permitiam que meus dedos executassem meu trabalho.

As dissecações que eu preparava com frequência eram de partes individuais do corpo: mãos, pés, pernas, rostos ou tórax. Cada parte tinha uma etiqueta de plástico identificando-a – a legislação assegura que se mantenha o registro de todas as partes do corpo dissecadas, e cada qual era etiquetada de modo que os corpos pudessem ser reunidos, de certa forma, para posterior cremação. As partes eram envoltas em trapos ensopados de líquidos preservativos e mantidas em grandes caixas sobre rodas – uma caixa separada para cada segmento do corpo. Às vezes eu descia ao porão e selecionava a caixa apropriada para as dissecações do dia.

Chegava-se à base do edifício por um velho elevador. Ele não era profundo, mas largo o bastante para transportar um caixão. Depois de entrar, você tinha de puxar uma grade preta de metal, da mesma época que as vigas do teto, e batê-la com força, ou a tranca não fecharia. Se estivesse compartilhando o elevador com um dos cadáveres, a pessoa tinha de prender a respiração por causa do cheiro e chegar bem para o canto a fim de abrir espaço. Em seguida, pressionando um botão, você desceria para as trevas.

A base do poço se abria para a sala de embalsamamento: paredes ladrilhadas de branco, assoalho de terracota, o cheiro penetrante de fluidos preservativos no ar. Havia duas mesas de embalsamamento de aço inoxidável espelhado; cada qual tinha dois meios painéis que se encontravam numa canaleta em forma de "V". Alan, o embalsamador, era bondoso e beberrão, com a pele curtida e óculos de fundo de garrafa. Ele fora agente funerário, mas estava feliz por se ver livre de todas as cortinas de veludo, os carros fúnebres e arranjos de flores necessários quando se trabalha não só com os mortos, mas com os parentes deles também. Estivera na força militar de reserva durante a primeira Guerra do Golfo e me disse que eram os rostos de iraquianos mortos que o assombravam, e não daqueles que embalsamava. Ele guardava uma garrafa de uísque na prateleira alta do escritório do necrotério e bebia num pub chamado The Gravediggers ("Os Escavadores de Túmulos").

Com frequência os cadáveres eram de pessoas que haviam se beneficiado do hospital local e queriam encontrar uma maneira de retribuir. Logo depois que chegavam, Alan os estendia na mesa de embalsamamento e fazia um corte até a artéria femoral na virilha, ou por vezes a artéria carótida no pescoço. Depois de inserir uma cânula de metal no corte, ele ligava um tubo de borracha e prendia a cânula no lugar com barbante. Um barril de solução preservativa pendia do teto – após conectar o barril com o tubo de borracha, a gravidade faria o trabalho de bombear líquidos preservativos pelos vasos sanguíneos. À medida que o fluido se introduzia no corpo, sangue vazava de ouvidos, nariz e boca, e era escoado para as canaletas de aço. Bem ao lado da sala mais fria, para os cadáveres, onde se conservavam as caixas com as partes do corpo, havia uma rampa descendente que terminava numa porta espessa, pesada. Um dia, quando eu estava trabalhando a anatomia do pé, perguntei a Gordon o que havia atrás daquela porta. "Quer ver por você mesmo?", perguntou ele, puxando suas chaves. "É ali que mantemos todo o material para o qual não há lugar no museu do andar de cima."

ALÉM DA SALA havia escuridão. Arcos abobadados de tijolos curvavam-se como costelas sobre corredores estreitos. Os tetos eram baixos, o ar, mineral, contudo, ao mesmo tempo, tive a impressão de ser engolido por algo orgânico – arrastado para a barriga de uma baleia. Gordon encontrou um interruptor e, depois de um zumbido e um crepitar de velhos tubos fluorescentes, o espaço se encheu de uma triste luz amarela.

Corredores de catacumba estendiam-se a perder de vista. Pareciam ir para além das paredes da Faculdade de Medicina, se ramificando pela terra em direção à Escola de Música, aos anfiteatros e ao maior auditório da universidade – o McEwan Hall. Prateleiras de esqueletos humanos pendiam ao longo deles, de frente para uma pilha de caixas rotuladas "Restos maoris – para repatriação".* As órbitas sem olhos davam-me a impressão de que eu era observado. Não se tratava apenas de

* A Universidade de Edimburgo foi particularmente ativa na tentativa de repatriar restos que foram insensivelmente "colecionados" em séculos anteriores.

um ossário, era uma coleção de animais também: um esqueleto de girafa jazia em caixotes ao lado de partes de um hipopótamo. Numa longa caixa de poliestireno encontrei dois chifres de marfim de uma baleia narval, fendidos como cerâmica antiga. Vértebras de baleia estendiam-se ao longo do corredor, como se empurradas para o lado de um prato. Garrafas de vidro empoeiradas enchiam as prateleiras, os rótulos escritos em caligrafia burilada. Num canto, o esqueleto articulado de um orangotango olhava para a saída.

Parei para abrir a caixa que ficava no alto de outra pilha de caixas – elas continham cadáveres dissecados e laqueados por Alexander Monro Secundus mais de duzentos anos antes. Monro foi o professor da Universidade de Edimburgo que revelou grande parte da anatomia do cérebro no século XVIII. Ao lado deles estavam torsos que seu sucessor havia injetado com mercúrio para expor os canais linfáticos, de outro modo frágeis e claros demais para serem observados. Os corações, pulmões e vísceras dos corpos estavam murchos e enegrecidos, como se os cadáveres tivessem sido defumados. Eles tinham sido vedados em sacos de polietileno para se preservar: múmias dedicadas não à vida eterna, mas ao sonho de compreender o corpo humano e seu lugar na criação.

Numa câmara semelhante a uma cripta havia montes de ossos fetais em pequenas caixas, cada osso tão delicado quanto um coral. Havia um rosto coriáceo, dissecado, recolhido por antropólogos na ilha da Nova Bretanha, no Pacífico, e doado ao museu; ele tinha sido despelado e engastado com argila num ritual não registrado. Nas órbitas oculares, os ilhéus tinham inserido pequenas conchas de cauri, que lançavam um olhar vítreo para as paredes de tijolos. Encontrei o esqueleto de um anão acondroplásico, tolhido pelo raquitismo, os fêmures e tíbias emaranhados como tocos de carvalho, e um litopédio, ou "bebê de pedra", retirado por cirurgiões do ventre de uma mulher décadas depois de ela ter morrido. Na prateleira inferior havia uma caixa de vidro, e dentro dela outro bebê encurvado, mumificado. "Não sei de onde esse veio", disse Gordon, "talvez tenha duzentos anos."

Numa alcova de lado, com piso elevado e teto rebaixado, Gordon empurrou uma porta em que estava pendurada uma antiga tabuleta de metal: "Área D", dizia ela, "Não remova nada destas prateleiras em nenhuma circunstância." Dentro havia estantes com aquilo que os textos médicos do Renascimento chamavam de "Monstros e maravilhas": aberrações do desenvolvimento humano que os anatomistas do século XIX haviam resgatado dos sambaquis e grelhas da cidade. Bebês-sereia com pernas fundidas flutuavam em câmaras de fluido salobro, junto a uma série de gêmeos siameses e terminando com uma criança com o corpo normal, mas duas cabeças. Outra prateleira ilustrava vários graus de hidrocefalia, ou água no cérebro, onde crânios inchados de fluido se apertavam contra os confins do vidro. Fetos mortos por aborto mais de um século atrás flutuavam em úteros-vitrine, os ossos tingidos de vermelho, os corpos transparentes como água-viva. Era macabro, mas houvera boas razões para encher essas prateleiras na época: os bebês eram estudados na busca de pistas sobre a maneira como os embriões se desenvolvem no útero. Então, como agora, esperava-se que a compreensão da forma como o desenvolvimento se desencaminha forneceria a probabilidade de um casal específico ter outro bebê doente.

Outra série de prateleiras parecia uma recapitulação de todas as coisas que eu tinha estudado nas aulas de anatomia, tudo escondido aqui nos mais baixos e ignorados confins do Departamento de Anatomia: cérebros flácidos, murchos; um modelo em cera dos rins; um globo ocular secionado. Uma prateleira estava ocupada com uma série que ilustrava a cóclea e os canais semicirculares. Uma cabeça moldada em gesso demonstrava os músculos de expressão facial. Um monte de placentas e membranas amnióticas mal preservadas desintegrava-se em caixas de madeira. Na prateleira superior, perto da abóbada arqueada do teto, uma vulva de mulher havia sido apoiada numa câmara rasa, expondo a uretra e o tecido espessado em volta das glândulas de Skene. Embaixo, perto do assoalho, nas toscas prateleiras de pinho, um crânio de urso pousava ao lado do esqueleto de um pé de urso. O urso é um dos poucos mamíferos capazes de andar eretos, e eles, como os seres humanos, batem no chão primeiro com o calcanhar quando andam. Incapaz de obter um pé humano, Leonardo da Vinci dissecou o pé de um urso. O espécime encontrava-se ao lado de uma série de pés humanos, descascados em camadas, da pele até o arco ósseo.

Era hora de voltar ao trabalho. As luzes estalaram ao se apagarem, as prateleiras e os esqueletos voltaram à escuridão. A porta retiniu atrás de nós como se fechasse o cofre de um banco. Rolei uma caixa cheia de pés em direção ao elevador, para além da sala mais fria e das mesas de embalsamamento. Escuridão de novo, depois a sensação fechada e fria de paredes de pedra e ar estagnado. Pisamos na revigorante luz setentrional da sala de dissecação como se emergíssemos de uma tumba de volta à vida. "Temos de fazer alguma coisa com todo esse material", disse Gordon quando saímos. "Não podemos simplesmente deixá-lo aí embaixo, escondido de todos, exceto de alguns especialistas."

Em Granada eu havia sentido com muita força a maneira como nós, na condição de seres humanos, carregamos nossos corpos de significado, seja divertido ou solene, e o porão também parecia carregado de sentido. Nas prateleiras estavam as evidências de dois ou três séculos de incansável energia intelectual: tentativas da humanidade de compreender o corpo humano com o objetivo de curá-lo quando ele falha e de amenizar o sofrimento. Havia assombro ali também: andar pelas catacumbas me lembrara de algo que Virginia Woolf escreveu certa vez sobre a mente de sir Thomas Browne: "Um halo de assombro envolve tudo o que ele vê; ... uma câmara repleta do chão ao teto com marfim, ferro velho, potes quebrados, urnas, chifres de unicórnios e vidros mágicos cheios de luzes esmeralda e mistério azul."[1] Talvez, para alguns, o porão fosse um lugar inquietante, mas havia halos de assombro ali no escuro. Concordei com Gordon: a anatomia é importante demais, maravilhosa demais, para ficar escondida ou ser deixada apenas aos especialistas.

ALGUNS ANOS DEPOIS que visitei pela primeira vez a cripta debaixo do Departamento de Anatomia, um invasor entrou no McEwan Hall, vizinho à velha Faculdade de Medicina, e isso disparou o alarme contra assaltantes. O alarme tinha uma ligação direta com a delegacia de polícia. Vários policiais e um grupo de cães foram enviados à cena. Com cães policiais no seu encalço, o ladrão conseguiu encontrar uma portinhola para o porão do auditório, e de lá abrir caminho a pontapés para o corredor semelhante a um túnel que seguia abaixo do nível da rua em direção às catacumbas.

Seu itinerário foi traçado mais tarde, por suas pegadas e pelas marcas que fez nas portas que conseguiu abrir aos chutes. Ele correu na escuridão, orientando-se às apalpadelas ao longo das paredes de pedra, com os cães policiais nos calcanhares. A primeira porta que abriu levava para uma velha sala de caldeiras, e de lá ele encontrou caminho às apalpadelas para outra porta. Depois de repetidas tentativas (atestadas pelo número de marcas de bota fotografadas), ele abriu a porta aos pontapés e conseguiu chegar ao porão debaixo do Departamento de Anatomia. Tateando pelas estantes de esqueletos pendurados, passou na escuridão pelas prateleiras de monstros e maravilhas, os chifres de baleia narval e os ossos de girafa, os genitais expostos e os pés de urso dissecados. Alguns itens no porão foram perturbados por suas mãos estendidas, em pânico. Na porta em direção à sala de embalsamamento ele parou, depois passou algum tempo tentando arrombá-la. Ainda bem que não conseguiu transpô-la – estaria no frigorífico, com os cadáveres.

A ponto de ser capturado, com os cães que o perseguiam já no porão, ele percebeu um vislumbre de luz no alto de uma velha calha de escoamento de carvão. Subiu nela tateando, espremendo o corpo num espaço estreito como um caixão, depois conseguiu girar e chutar uma grade e escapar. Devia ser rápido: uma vez lá fora, ultrapassou os cães.

O PÉ FORNECE algumas das mais antigas evidências identificadoras de nossas origens como seres humanos, e as pegadas são assinaturas de nossa passagem pelo mundo. Ocupamos espaço com nossos pés, o que se revela pelas expressões "fincar pé", "entrar com o pé direito", "estar com o pé na cova". As primeiras pegadas eretas encontradas são aquelas de 3 milhões de anos atrás em Laetoli, mas agora há pegadas na poeira da Lua que sobreviverão a todos nós. Talvez um dia haja pegadas em Marte.

Houve um tempo em que ser médico e estudar anatomia era apenas uma questão de colecionar pedaços de corpos e engarrafá-los; prendê-los em pranchas e acumulá-las em arquivos. Os cientistas que interpretam pegadas estão seguindo uma tradição que remonta a Da Vinci e vai mais além, de prestar atenção às sutilezas da anatomia e aplicar esse conhecimento a questões fundamentais da humanidade. Ainda há razão para ser grato àqueles anatomistas obsedados por colecionar; cada vez mais seu trabalho está emergindo da escuridão e voltando à luz.

Epílogo

> "Lego a mim mesmo à terra para crescer da relva que amo,
> Se me quiseres de novo, procura por mim sob as solas da tua bota."*
>
> Walt Whitman, *Song of Myself*

Meu consultório médico é um apartamento residencial adaptado, numa rua movimentada de Edimburgo. A sala de consultas dá para o leste: nas manhãs de verão, o ambiente é luminoso e quente, no inverno, ganha tons de sépia e é fresco. Uma pia de aço está instalada num canto, sob armários abastecidos com frascos de amostra, agulhas e seringas, e no outro canto há uma geladeira para vacinas. Uma velha mesa de exame fica atrás de uma cortina, e sobre ela estão um travesseiro e um lençol dobrado. Uma parede é forrada com prateleiras de livros, enquanto outras são decoradas com desenhos anatômicos de Da Vinci, quadros de aviso e diplomas de faculdades médicas especializadas. Há um mapa da cidade marcado com os limites da clientela – uma anatomia urbana diagramática de estradas, rios e estradas secundárias.

---

* "I bequeath myself to the dirt to grow from the grass I love,/ If you want me again look for me under your boot-soles."

Viajo pelo corpo enquanto ouço os pulmões dos meus pacientes, manipulo suas articulações ou examino suas pupilas, consciente não apenas de cada indivíduo e de sua anatomia, mas dos corpos daqueles que examinei no passado. Todos nós temos paisagens que consideramos especiais: lugares carregados de significado, pelos quais sentimos afeição ou reverência. O corpo tornou-se esse tipo de paisagem para mim; cada centímetro dele é familiar e carrega poderosas lembranças.

Imaginar o corpo como uma paisagem, ou como um espelho do mundo que nos sustenta, pode ser difícil no centro de uma cidade. Em termos de geografia, a área ocupada por minha clientela é relativamente estreita – ainda é possível visitar todos os pacientes de bicicleta –, mas o corte transversal de humanidade que ela abrange é amplo. Inclui tanto ruas de riqueza opulenta quanto conjuntos residenciais de pobreza chocante, tanto bairros profissionais estáveis quanto as repúblicas estudantis de uma universidade. É um raro privilégio ser bem-vindo junto ao berço de um recém-nascido e numa casa de repouso, num leito de morte com quatro colunas e numa quitinete miserável. Minha profissão é como um passaporte ou uma chave mestra para abrir portas em geral fechadas; para testemunhar o sofrimento privado e, quando possível, amenizá-lo. Muitas vezes, mesmo essa meta modesta é inalcançável – pois na maior parte das vezes não se trata de salvar vidas de forma dramática, mas de tentar, calma e metodicamente, adiar a morte.

No centro do distrito, não longe da clínica, fica um cemitério separado da cidade por um muro alto. Um caminho de cascalho serpenteia entre grupos de bétulas, carvalhos, plátanos e pinheiros; suas raízes embalam os caixões quando eles se desintegram de volta à terra. Minhas visitas ali são momentos roubados entre chamados domiciliares e consultas, e em geral tenho o lugar só para mim. De vez em quando encontro um grupo de pais num período de trégua, como eu, do ruído das ruas da cidade. Trocamos sorrisos e sinais de reconhecimento ao nos cruzarmos; crianças pequenas que conheci na clínica correm rindo entre as lápides; bebês que examinei são suavemente embalados para dormir em seus carrinhos.

Os sobrenomes gravados naquelas lápides são conhecidos: eles aparecem na tela de meu computador a cada dia. Alguns túmulos têm uma seriedade ostentatória, enquanto outros são modestos e simples – apenas um nome e duas datas. Há algo de democrático na maneira como ricos e pobres jazem lado a lado. Uma fileira ao longo do muro está reservada para a população judaica: é cercada por um gradil de aço, mas as raízes das árvores penetram mesmo assim. Há túmulos em memória daqueles que morreram muito longe, a serviço de um império perdido, de bala, parto ou febres tropicais. Alguns celebram vidas veneráveis, enquanto outros choram a calamidade de uma morte precoce. As ocupações dos mortos, gravadas nos túmulos, revelam as mudanças sociais ocorridas ao longo do último século, aproximadamente: comerciantes de roupas, moleiros, clérigos, banqueiros. Há um obelisco em homenagem a um mestre boticário, erigido na época em que ele misturava suas próprias tinturas, e a lápide de um médico que atendeu outrora aos que jazem à sua volta.

Gaviões se aninham no topo das árvores e caçam os camundongos e pequenos pássaros que vivem entre os túmulos. A hera corre sobre as pedras caídas, e entre a terra rebaixada dos lotes há moitas de amoras silvestres. O verão traz uma espécie de silêncio denso e luxuriante, e às vezes imagino que, para além dele, posso ouvir a suave respiração das folhas. No outono, essas folhas cobrem os túmulos de carmim e dourado, depois, no inverno, as lápides se postam como sentinelas entre montes de neve. Mas na primavera os ramos se adensam de folhas frescas e brotos de grama nova abrem caminho para trechos salpicados de luz.

"A vida é uma chama pura, e vivemos
de um sol invisível que existe dentro de nós."

Sir Thomas Browne, *Hydriotaphia* (1658)

Notas

2. Convulsões, santidade e psiquiatria (p.29-45)

1. Hugh Crone, *Paracelsus: The Man Who Defied Medicine* (Melbourne, The Albarello Press, 2004), p.88.
2. R.M. Mowbray, "Historical aspects of eletroconvulsive therapy", *Scottish Medical Journal*, v.4 (1959), p.373-8.
3. Gabor Gazdag, Istvan Bitter, Gabor S. Ungvari e Brigitta Baran, "Convulsive therapy turns 75", *British Journal of Psychiatry*, v.194 (2009), p.387-8.
4. Ver Katherine Angel, "Defining psychiatry: Aubrey Lewis's 1938 Report and the Rockefeller Foundation", in Katherine Angel, Edgar Jones e Michael Neve (orgs.), *European Psychiatry on the Eve of War: Aubrey Lewis, the Maudsley Hospital and the Rockefeller Foundation in the 1930s* (Londres, Wellcome Trust Centre for the History of Medicine at University College, Londres, Medical History Supplement 22), p.39-56.
5. O programa não foi um sucesso. Ver E. Cameron, J.G. Lohrenz e K.A. Handcock. "The depatterning treatment of schizophrenia", *Comprehensive Psychiatry*, v.3, n.2, (abr 1962), p.65-76.
6. Anne Collins, *In the Sleep Room: The Story of CIA Brainwashing Experiments in Canada* (Toronto, Key Porter Books, [1988] 1998), p.39, 42-3, 133.
7. I. Janis, "Psychological effects of electric-convulsive treatments", *Journal of Nervous and Mental Diseases*, v.3, n.6 (1950), p.469-89.
8. Lucy Tallon, "What is having ECT like?", *Guardian G2*, 14 mai 2012.
9. Carrie Fisher, *Shockaholic* (Nova York, Simon & Schuster, 2011).
10. Sigmund Freud, 1904, publicado in *Collected Papers vol. 1* (Londres, Hogarth Press, 1953).

3. Olho: o renascimento da visão (p.49-63)

1. Empédocles, "On Nature", Fragmento 43, in *The Fragments of Empedocles*, (Chicago, Open Court Publishing Company, 1908).

2. J. García-Guerrero, J. Valdez-García e J.L. González-Treviño, "La oftalmología en la obra poética de Jorge Luis Borges", *Arch. Soc. Esp. Oftalmol.*, v.84 (2009), p.411-4.
3. Jorge Luis Borges, "Blindness", in *Seven Nights* (Nova York, New Directions, 1984).
4. John Berger e Selçuk Demirel, *Cataract* (Londres, Notting Hill Editions, 2011).
5. John Berger, "Who is an artist?", in *Permanent Red: Essays in Seeing* (Londres, Methuen, 1960), p.20.
6. John Berger, "Field", in *About Looking* (Londres, Writers and Readers Cooperative, 1980), p.192.

4. Face: bela paralisia (p.64-82)

1. "La giuntura delli ossi obbediscie al nervo, e'l nervo al muscolo, e'l muscolo alla corda, e la corda al senso comune, e'l senso comune è sedia dell'anima", Leonardo W. 19010r., apud Richter Literary Works, §838.
2. De folio 2, recto, dos desenhos anatômicos na Royal Collection.
3. Martin Clayton e Ron Philo, *Leonardo da Vinci: The Mechanics of Man* (Londres, Royal Collection Trust, 2013).
4. Soneto 2.
5. Iain Sinclair, *Landor's Tower* (Londres, Granta, 2002), p.120.
6. Charles Bell, *Letters of Sir Charles Bell: Selected from his Correspondence with his Brother, George Joseph Bell* (Londres, John Murray, 1870).
7. Charles Bell, *A System of Dissections* (Edimburgo, Mundell & Son, 1798). A obra-prima de Vesalius foi *De humani corporis fabrica* (Da organização do corpo humano), 1543.
8. M.K.H. Crumplin e P. Starling, *A Surgical Artist at War: the Paintings and Sketches of Sir Charles Bell 1809-1815* (Edimburgo, Royal College of Surgeons of Edinburgh, 2005).
9. Charles Bell, *Essays on the Anatomy of the Expression in Painting* (Londres, John Murray, 1806). Mais tarde publicada como *Essays on the Anatomy and Philosophy of Expression as Connected with the Fine Arts* (1844).
10. Charles Darwin, *The Expression of the Emotions in Man and Animals* (Londres, John Murray, 1872). [Ed.bras.: *A expressão das emoções no homem e nos animais*. São Paulo, Companhia das Letras, 2009.]

11. Tradução do autor do *Trattato della pittura* de Leonardo da Vinci, livremente adaptada da tradução inglesa feita por John Senex em 1721.
12. James D. Laird, "Self-attribution of emotion: the effects of expressive behavior on the quality of emotional experience", *Journal of Personality and Social Psychology*, v.29, n.4 (abr 1974), p.475-86.

5. Orelha interna: vodu e vertigem (p.83-93)

1. J.M. Epley, "The canalith repositioning procedure: for treatment of benign paroxysmal positional vertigo", *Otolaryngol: Head and Neck Surgery*, v.107, n.3 (set 1992), p.399-404.

7. Coração: sobre pios de gaivota, fluxo e refluxo (p.111-22)

1. Robin Robertson, "The halving", in *Hill of Doors* (Londres, Picador, 2013).

8. Mama: duas visões sobre cura (p.123-32)

1. Brigid Collins, out 2014, comunicação pessoal.
2. A exposição *Frissure* teve lugar na Scottish Poetry Library, em novembro de 2013. Um livro de imagens e texto foi publicado por Polygon (Edimburgo, 2013).

9. Ombro: armas e armadura (p.135-48)

1. Citação da *Ilíada* adaptada pelo autor da tradução de Samuel Butler de 1898.
2. E. Apostolakis et al., "The reported thoracic injuries in Homer's *Iliad*", *Journal of Cardiothoracic Surgery*, v.5 (2010), p.114. Ver também A.R. Thompson, "Homer as a surgical anatomist", *Proceedings of the Royal Society of Medicine*, v.45 (1952), p.765-7.
3. P.B. Adamson, "A comparison of ancient and modern weapons in the effectiveness of producing battle casualties", *Journal of the Royal Army Medical Corps*, v.123 (1977), p.93-103.

10. Punhos e mãos: perfurados, cortados e crucificados (p.149-64)

1. Edward Hagen, Peter Watson e Paul Hammerstein, "Gestures of despair and hope: a view on deliberate self-harm from economics and evolutionary biology", 2008, philpapers.org.
2. J. Harris, "Self-harm: cutting the bad out of me", *Qualitative Health Research*, v.10 (2000), p.164-73.
3. F.X. Hezel, "Cultural patterns on Truckese suicide", *Ethnology*, v.23 (1984), p.193-206.
4. A. Ivanoff, M. Brown e M. Linehan, "Dialectical behavior therapy for impulsive self-injurious behaviors", in D. Simeon e E. Hollander (orgs.), *Self-Injurious Behaviors: Assessment and Treatment* (Washington, DC, American Psychiatric Press, 2001).
5. Pierre Barbet, *Les cinq plaies du Christ* (Paris, Procure du carmel de l'action de grâces, 1937).
6. Nicu Haas, "Anthropological observations on the skeletal remains from Giv'at ha-Mitvar", *Israel Exploration Journal*, n.20 (1970), p.38-59.
7. Joseph Zias e Eliezer Sekeles, "The crucified man from Giv'at ha-Mitvar: a reappraisal", *Israel Exploration Journal*, v.35, n.1 (1985), p.22-7.
8. C.J. Simpson, "The stigmata: pathology or miracle?", *British Medical Journal*, v.289 (1984), v.1, p.746-8.

11. Rim: a suprema dádiva (p.167-84)

1. Richard Eimas (org.), *Heirs of Hippocrates* (Iowa City, University of Iowa Press, 1990): verbete n.137, Gabriele De Zerbis (1445-1505), *Gerentocomia* (1489).

12. Fígado: um final de conto de fadas (p.185-96)

1. Discurso de sir Toby Belch, *Noite de Reis*, Ato III, Cena 2.
2. Ezequiel, 21:21.
3. Marina Warner, "How fairy tales grew up", *Guardian Review* (13 dez 2014).

13. Intestino grosso e reto: magnífica obra de arte (p.197-203)

1. Paul J. Silvia, "Looking past pleasure: anger, confusion, disgust, pride, surprise, and other unusual aesthetic emotions", *Psychology of Aesthetics, Creativity and the Arts*, v.3, n.1 (fev 2009), p.48-51.

14. Genitália: sobre fazer bebês (p.207-24)

1. Mrs. Jane Sharp, *The Midwives Book* (1671) é mencionado in Thomas Laqueur, "Orgasm, generation and the politics of reproductive biology", in Catherine Gallagher e Thomas Laqueur (orgs.), *The Making of the Modern Body: Sexuality and Society in the Nineteenth Century* (Berkeley, University of California Press, 1992). Devo muito ao professor Laqueur por muitas das ideias exploradas neste capítulo.
2. Marquês de Sade, *La philosophie dans le boudoir* (1795).
3. Rachel Maines, *The Technology of Orgasm: "Hysteria", the Vibrator, and Women's Sexual Satisfaction* (Baltimore, Johns Hopkins University Press, 1999).
4. Giovanni Luca Gravina et al., "Measurement of the thickness of the urethrovaginal space in women with or without vagina orgasm", *The Journal of Sexual Medicine*, v.5, n.3 (mar 2008), p.610-8.
5. Ernst Gräfenberg, "The role of the urethra in female orgasm", *International Journal of Sexology*, v.3, n.3 (fev 1950), p.145-8.
6. Arthur Aikin (org.), *The Annual Review and History of Literature for 1805, Volume IV* (Londres, 1806).
7. Carl Jung, "Women in Europe", in Gerhard Adler e R.F.C. Hull (orgs.), *Collected Works of C.G. Jung*, v.10: *Civilization in Transition* (Princeton University Press, 1970), p.123.
8. *Canon* de Avicena 3:20:1:44.
9. John Sadler, *The Sicke Woman's Private Looking Glass* (Londres, 1636), p.108.
10. *The Lancet*, 28 jan 1843, p.644.
11. Marie Stopes, *Married Love* (Londres, A.C. Fifield, 1919).

16. Placenta: coma-a, queime-a, enterre-a sob uma árvore (p.232-44)

1. Heródoto, *Histories* 3:38, in Penguin Classics (Harmondsworth, 1954).

2. E. Croft Long, "The placenta in lore and legend", *Bulletin of the Medical Library Association*, v.51, n.2 (1963), p.233-41.
3. Charles Dickens, *David Copperfield* (Londres, Bradbury & Evans, 1850).
4. James Frazer, *The Golden Bough*, 3ª edição (Cambridge University Press, 2012), p.194.
5. Barbara Evans Clements, Barbara Alpern Engel e Christine Worobec (orgs.), *Russia's Women: Accomodation, Resistance, Transformation* (Berkeley e Los Angeles: University of California Press, 1991) p.53.
6. Seamus Heaney, "Mossbawn", in *Finders Keepers: Selected prose 1971-2001* (Londres, Faber & Faber, 2003).

17. Quadril: Jacó e o anjo (p.247-59)

1. Italo Svevo, *La coscienza di Zeno* (Milão, Einaudi, 1976), p.109.
2. J.A. Grisso et al. "Risk factors for falls as a cause of hip fracture in women", *The New England Journal of Medicine* (9 mai 1991) n.1, p.326-31.
3. Números de Atul Gawande, *Being Mortal: Medicine and What Matters in the End* (Londres, Profile, 2014).
4. P. Haentjens et al., "Meta-analysis: excess mortality after hip fracture among older women and men", *Annals of Internal Medicine*, v.152 (2010), p.380-90.
5. Minha leitura da história de Jacó foi informada por Geoffrey H. Hartman, "The struggle for the text", in Geoffrey H. Hartman e Sanford Budick (orgs.), *Midrash and Literature* (Londres, Yale University Press, 1986), p.3-18.
6. Roland Barthes, "The struggle with the angel", in *Image, Music, Text* (Glasgow, Fontana Press, 1977). Ver também as teorias de Vladimir Propp sobre os problemas universais dos contos folclóricos.

18. Pés e dedos dos pés: passos no porão (p.260-75)

1. Virginia Woolf, "The Elizabethan Lumber room", in *The Common Reader* (Londres, The Hogarth Press, 1925).

Créditos das figuras

p.20 Grafite, Turim, 2014. Legenda: "Agite antes de usar." Fotografia do autor.

p.22 Descartes, O sistema nervoso: diagrama do cérebro e da glândula pineal. Wellcome Image Collection.

p.40 "Descargas de espícula-onda generalizadas de 3Hz numa criança com epilepsia de ausência da infância", *Der Lange*, 11 jun 2005, reproduzido sob licença.

p.50 *Der Mensch durchbricht das Himmelsgewölbe*, xilogravura anônima in *L'Atmosphere: Météorologie Populaire*, de Holzstich von Camille, Flammarion, Paris, 1888, p.163.

p.54 Seção horizontal do globo ocular (fig. 869 in *Gray's Anatomy*, edição de 1918).

p.62 *Les Étoiles*, de *Cataract*, de John Berger, reproduzido por gentil permissão de Selçuk Demirel.

p.66 *Essays on the Anatomy and Philosophy of Expression as Connected with the Fine Arts*, de Charles Bell, Londres, John Murray, 1844.

p.69 Cópia de Giampietrino de *A Última Ceia* – à esquerda do espectador.

p.70 Cópia de Giampietrino de *A Última Ceia* – à direita do espectador.

p.76 Esta imagem de Charles Bell mostra um soldado sofrendo com um ferimento na cabeça e tem a inscrição "Waterloo". Wellcome Image.

p.86 Interior do labirinto ósseo direito (fig. 921 in *Gray's Anatomy*, edição de 1918).

p.100 "Tubo bronquial com seus bronquíolos", in *Popular Science Monthly*, 1881.

p.105 Raios X de tórax (este sugere uma pneumonia no lobo superior direito em desenvolvimento, mais que linfadenopatia subcarinal). In *Public Health Library*, n.5.802, 1978, do dr. Thomas Hooten.

p.107 Visão laringoscópica do interior da laringe (fig. 956 in *Gray's Anatomy*, edição de 1918).

p.112 Seção do coração mostrando o septo ventricular (fig. 498 in *Gray's Anatomy*, edição de 1918).

p.116 Aorta exposta para mostrar as válvulas semilunares (fig. 497 in *Gray's Anatomy*, edição de 1918).

p.125 Dissecação da metade inferior da mama durante o período da lactação (Luschka) (fig. 1.172 in *Gray's Anatomy*, edição de 1918).

p.128 "Câncer da mama, campo da operação, imediatamente antes do corte final". Wellcome Image Collection.

p.130 *Acima: Dog Rose*, de Brigid Collins, reproduzido por gentil permissão da artista. *Abaixo: Kist*, de Brigid Collins, reproduzido por gentil permissão da artista.

p.131 *In September*, de Brigid Collins, reproduzido por gentil permissão da artista.

p.138 Clavícula direita fraturada, reproduzida aqui graças a Sam Woods, da Fruitmarket Gallery, Edimburgo.

p.141 Plexo braquial direito com seus curtos ramos, visto de frente (fig. 808 in *Gray's Anatomy*, edição de 1918).

p.151 *Quatre mains*, desenho a tinta de Yves Berger, reproduzido do livro *Caring*, Galleria Antonia Jannone, outubro de 2014.

p.155 Detalhe de uma reprodução da *A lição de anatomia do dr. Tulp*, Rembrandt, exposto na entrada do Museu de Anatomia, Universidade de Edimburgo.

p.163 Imagem reproduzida de Pierre Barbet, *Les cinq plaies du Christ*, Paris, Procure du carmel de l'action de grâces, 1937, p.63.

p.169 Diagramas da obra de Vesalius demonstrando crença ortodoxa.

p.171 Visão microscópica de um gromérulo, a unidade filtradora do rim (fig. 1.130 in *Gray's Anatomy*, edição de 1918).

p.178 A ilustração do círculo de doação do doador de rim foi produzida pelo autor.

p.183 Alec Finlay, *Taigh: A Wilding Garden*, Edimburgo, Morning Star Publications, 2014.

p.184 Ibid.

p.186 Grade de resultados da bioquímica, coleção do autor.

p.193 "Branca de Neve", ilustração de Walter Crane, 1882.

p.200 Enema de bário, cortesia de Diagnostic Image Centers, Kansas City.

p.210 "Demonstração do uso do vibrador" in "Uma descrição do vibrador e orientações para o uso". Wellcome Image Collection.

p.235 Feto preso a cordão umbilical e placenta. Wellcome Image Collection.

Agradecimentos

Meus agradecimentos vão sobretudo para meus pacientes passados, presentes e futuros – sem eles eu seria um marinheiro sem oceano. A exigência de honrar sua confidencialidade significa que não é possível agradecer-lhes individualmente, mas isso não me torna em absoluto menos grato.

Hipócrates, em seu famoso juramento, enfatizou a importância de prestar reverência a todos aqueles "que me ensinaram esta arte", e tive sorte no exemplo dado por meus professores. Tive grande número deles, mas obrigado em particular a Gordon Findlater, Fanney Kristmundsdottir, Khazeh Fananapazir, John Nimmo, Theresa de Swiet, Hamish Wallace, Peter Bloomfield, John Dunn, o falecido Wilf Treasure, Clare Sander, Tim White, Colin Robertson, Janet Skinner, Philip Robertson, Mads Gilbert, Iain Grant, Sarah Cooper, Colin Mumford, Rustam Al-Shahi, Jon Stone, Ian Whittle, Stephen Owens, Mike Ferguson, Sandy Reid, Catharine George, Charlie Siderfin e Andy Trevett.

A previsão, imaginação, competência editorial e confiança de Andrew Franklin, na Profile, e Kirty Topiwala, na Wellcome, foram fundamentais desde os primeiros estágios. Cecily Gayford, na Profile, fez uso de sua arguta diligência; e obrigado também a Susanne Hillen por sua atenção meticulosa, capacidade de pesquisa enciclopédica e paciência. Tive ainda a sorte de receber apoio tanto da Creative Scotland quanto do K. Blundell Trust, para trocar algum tempo na clínica por tempo na biblioteca. Jenny Brown fornece um exemplo brilhante do que todo agente literário deve ser: cuidadoso, acessível e uma expert em tênis de mesa.

Jack e Jinty Francis, Dawn Macnamara e Flaviana Preston ajudaram a equilibrar as exigências da clínica, da biblioteca e da creche. Will Whiteley leu o manuscrito num estágio inicial, deu alguns magníficos conselhos e mostrou-me novas perspectivas sobre o cérebro. Por revelações e expertise relacionadas à eletroconvulsoterapia, sou grato a Neil McNamara. Para John Berger: imensa gratidão e uma garrafa de Talisker por seu apoio generoso e interesse por este livro desde o começo. Selçuk Demirel permitiu-me reproduzir seu *Les Étoiles*. Greg Heath e Hector Chawla me ajudaram a me orientar no labirinto da oftalmologia. Robert Macfarlane é um defensor incansável da ideia por trás deste livro, bem como um recusador-chefe de dúvidas. Obrigado também a Bob Silvers, da *New York Review of Books*, por me fazer iniciar uma viagem à orelha interna. Obrigado a Peter Dorward por sua sagacidade, humor, atenção, habilidades de leitura de um expert, reflexões proveitosas, e por deliciar-me com a *Ilíada*. Sou grato a Tim Dee por torcer pelo meu trabalho e por seu entusiasmo com os ruídos do coração. Para a seção sobre o punho, Reto Schneider manteve-me no caminho certo e ajudou-me a explorar o mundo obscuro e fervoroso de Pierre Barbet. Yves Berger permitiu-me reproduzir um desenho de sua exposição *Caring* e deu-me as chaves e a liberdade de Quincy. Eu teria me enredado nos arbustos espinhentos dos *Contos de Grimm* sem a lúcida orientação de Marina Warner e a generosidade de Lili Sarnyai. David McDowall deixou-me contar um pouco de sua história no capítulo sobre o rim. Alec Finlay permitiu-me citar de sua obra *Taigh: A Wilding Garden*, relacionada com o National Memorial for Organ and Tissue Donors. Para a seção sobre o quadril, Kurtis Peters foi meu guia para a sabedoria hebraica. David Farrier borrifou o manuscrito com uma poeira de diamantes editorial, e foi a inspiração para a história sobre Jacó – um verdadeiro erudito e amigo. Adam Nicolson teve a bondade de conversar comigo sobre Zeno e a *Ilíada*. Obrigado a Paddy Anderson e Chemi Marquez por seu incomparável humor, hospedando-me na Carmen del Meñique, em Granada, e dando-me uma compreensão da *romería*.

Robin Robertson deu-me gentilmente permissão para escrever sobre "The halving" e para reproduzi-lo. Iain Sinclair permitiu-me citar *Landor's Tower*. Kathleen Jamie e Brigid Collins deixaram-me escrever sobre *Frissure*, reproduzi-la e citá-la. Obrigado a Iain Bamforth por deixar-me citar "Unsystematic anatomy". David McNeish – erudito, físico e teólogo – orientou-me para o artigo de Hartman sobre Jacó e o anjo.

Obrigado a Douglas Cairns por confirmar a regra de que os classicistas têm um hilário senso de humor.

Instituições: obrigado à National Library of Scotland, ao Departamento de Anatomia da Universidade de Edimburgo, ao Museu de Anatomia e à Biblioteca da Universidade de Turim, ao Wellcome Trust, à Faculdade de Medicina de Pavia, ao pessoal do Royal Edinburgh Hospital e do Departamento de Neurociências Clínicas em Edimburgo.

Versões de "Neurocirurgia da alma" e "Sobre pios de gaivota, fluxo e refluxo" foram publicadas primeiro como artigos na *London Review of Books*. Sou grato a Mary-Kay Wilmers por permitir que fossem reproduzidos aqui, e a Paul Myerscough por editá-los com tanta atenção. Parte do material em "Vodu e vertigem" foi cortesia de meu ensaio "The mysterious world of the deaf", publicado na *New York Review of Books*.

Meus colegas na Dalkeith Road Medical Practice toleraram minhas inconvenientes ausências com magnanimidade – sou eternamente grato a Teresa Quinn, Fiona Wright, Ishbel White, Janis Blair, Geraldine Fraser, Pearl Ferguson, Jenna Rowbottom e Nicola Gray.

Dizer "obrigado" não expressa da maneira adequada o quanto sou agradecido a Esa. Ela é verdadeiramente uma das entusiastas da vida; de muitas maneiras, este livro é para ela.

Índice remissivo

1ª EDIÇÃO [2017] 1 reimpressão

ESTA OBRA FOI COMPOSTA POR MARI TABOADA EM DANTE PRO
E IMPRESSA EM OFSETE PELA GEOGRÁFICA SOBRE PAPEL PÓLEN SOFT
DA SUZANO S.A. PARA A EDITORA SCHWARCZ EM AGOSTO DE 2021